AUTO DESIGNER

JOHN TIPLER

AUTO DESIGNER

SIE SCHUFEN DIE SCHÖNSTEN AUTOMOBILE

XENOS

CIP-Titelaufnahme der Deutschen Bibliothek

Autodesigner: sie schufen die schönsten Automobile / John Tipler. Übers. aus dem Engl. von Jörn Ingwersen. - Hamburg: Xenos, 1991
Einheitssacht.: The world's great automobile stylists <dt.>
ISBN 3-8212-0932-1
NE: Tipler, John; EST

Deutsche Ausgabe:
ISBN 3-8212-0932-1

Am Hehsel 40, 2000 Hamburg 63
Übersetzt aus dem Englischen von Jörn Ingwersen, Hamburg
Lektorat: Uta Klotz, Köln
Einbandgestaltung: Künne + Künne Werbeagentur, Hamburg
Satz: Atelier Schümann GmbH, Hamburg
Printed in Hungary

Die englische Originalausgabe erschien 1990 im Verlag
New Burlington Books, London, unter dem Titel
»The World's great Automobile Stylists«

Ich möchte allen danken, die mir geholfen haben, dies Buch vorzubereiten, besonders dem National Motor Museum in Beaulieu und Dr. Paul Nieuwenhuis vom Motor Industry Research Unit in Norwich. Das Buch ist meiner Tochter Zoë gewidmet, die so freundlich war, mit ihrer Geburt solange zu warten, bis ich es fertig hatte.

John Tipler

INHALT

GOODYEAR
AEROTECH
EAGLE
GOODYEAR
AEROTECH
Oldsmobile

EINLEITUNG

DAS ZEITALTER DES JAZZ

DIE GRAND ROUTIERI

POPKULTUR

UNTEN Die großen Hersteller behalten die fortschrittlichsten Entwürfe ihren Sportwagen vor. Hier der Honda NSX, ein typisches Beispiel für die 90er Jahre.
GANZ UNTEN Verschiedene Modelle von Prototypen im Henry Ford Museum in Dearborn.

Wer sind diese geheimnisvollen Männer, die die Formen der Autos ersinnen, für die wir uns auf den Motor Shows begeistern, die wir selbst gern vor der Garage stehen hätten? Im allgemeinen sind sie erstens Enthusiasten, zweitens Zeichner, drittens Konstrukteure. Dies scheint das Rüstzeug der Automobildesigner zu sein. Um große Entwürfe zu erstellen, muß man sich seinem Thema leidenschaftlich verschrieben haben, und natürlich muß man mit der Feder umgehen können. Und da man schließlich nur die Kleider des Wagens entwirft, muß man nicht mehr als den Hauch einer Ahnung davon haben, was unter der Haube passiert.

In den Anfangsjahren war man bemüht, die Maschine irgendwie praktisch zu umkleiden, damit die Elektrik nicht naß wurde, ebensowenig die Passagiere.

Die Karosseriebauer verstanden mehr von der Kunst des Kutschenbaus, und in den ersten beiden Jahrzehnten des Automobils war die geschlossene Form fast unbekannt. Bis in die 50er Jahre hinein war es auf dem Markt für Luxuswagen üblich, beim Hersteller ein Fahrgestell zu kaufen und einen speziellen Karosseriebauer eine seiner Karossen daraufsetzen zu lassen. Manchmal war der Karosseriebauer auch der Designer oder er hatte einen Stylisten, der für ihn arbeitete, aber normalerweise war er Handwerker und weniger ein Designer, der am Zeichenbrett und mit Modellen aus Ton arbeitete.

Da es nur wenige Fahrzeuge gab, waren sie unweigerlich stilistisch verschieden. Reduziert man das Auto auf seine Fundamente, dann besteht es aus vier Rädern, einem Motor, einem Platz für den Fahrer und einem Treibstoffbehälter. Design ist nur ein Mittel, diese Fundamente zu umkleiden. Wahrscheinlich war der Mercer Raceabout von 1908 der erste Wagen mit charakteristischem Äußeren. Sein Designer war Finlay Robertson Porter, und er setzte Maßstäbe für eine ganze Generation von Sportwagen mit schwungvollen Schutzblechen und Trittbrettern, Doppelsitzen mit dahinterliegendem Tank und einer hübschen, funktionalen Abdeckung. Das hatten auch andere Wagen dieser Zeit, aber der 120 km/h schnelle Mercer besitzt dieses gewisse Etwas, diese Nüchternheit, die großes Design ausmacht.

Als der Mercer entstand, begründete Henry Ford mit seinem T-Modell die Automobilindustrie, und 1912 stellte William Morris den Oxford vor, äußerlich so aufregend wie das T-Modell, aber insofern innovativ, als er aus Fremdteilen montiert wurde. Er bereitete eine ganze Generation von Personenwagen vor.

André Citroën brachte die Sache dann 1919 mit seinem Modell A weiter, als er den Großteil seiner Fabrik aus den USA nach Paris importierte.

Meist jedoch arbeiten die großen Designer am sportlichen Ende des Spektrums, denn schon immer

Der Mercer Raceabout war mit seiner sparsam verkleideten Karosserie typisch für eine ganze Generation von Rennwagen.

hat Geschwindigkeit eine romantische Faszination ausgeübt, und durch extravagantes Styling kann man ihr zusätzlich Glanz verleihen. Sportwagenhersteller arbeiten ausnahmslos mit kurzen Produktionszeiten, und das gilt auch für große Firmen, die Sportwagen anbieten. Sie können sich an bekannte Designer oder Styling-Firmen wenden, um ihren Modellen ein markantes Äußeres zu geben.

Wenn der Mercer die sportliche Seite des Marktes von 1910 repräsentierte, dann war der Hispano-Suiza Alfonso von 1913 das Flaggschiff der etwas gesetzteren Grand Tourer. Zwar stammte die Technik des Hispano-Suiza von Marc Birkigt, aber es gab verschiedene Formen von unterschiedlichen Karosseriebauern. Eine der schönsten wurde 1912 bei Lookers in Manchester hergestellt. Ein einmaliges Sportmodell wurde 1913 sogar vom König von Spanien, Alfonso XIII., entworfen.

Aber 1914 gab es noch einige andere bemerkenswerte Sportwagen: Mercedes-Benz, Isotta Fraschini, Marion, Fiat, Nazzaro, Itala, National, Prince Henry Vauxhall und Peugeot.

All diese Marken konnten große Rennerfolge für sich verbuchen, aber durchdachtes Design war beinah unbekannt. George N. Pierces Pierce-Arrow von 1913 hatte Scheinwerfer in den Schmutzfängern und war sicher der erste, der sich um ein charakteristisches Äußeres bemühte.

In gewisser Weise waren Ford und Morris ihrer Zeit voraus, denn um die Jahrhundertwende war der Westen fest im Griff der romantisch-dekadenten Art nouveau, der Arts-and-Crafts-Bewegung und dem Firlefanz des Spätviktorianismus. Die Welt der Kunst wurde von den Kubisten und Futuristen auf den Kopf gestellt, von denen die letzteren den Motorwagen als Symbol für das dynamische, neue Zeitalter verehrten.

Fiats Lingotto-Fabrik bei Turin, mit ihrer Steilkurven-Rennbahn auf dem Dach, stammt von Matte Trusco, einem futuristischen Architekten.

Im I. Weltkrieg stand die Entwicklung des Karosseriedesigns still. Eine der wichtigsten Auswirkungen des Krieges war die Einführung von Fließbändern, um den unersättlichen Bedarf an Waffen und Munition zu decken. Motorenhersteller wie Rolls-Royce und Hispano-Suiza lieferten Maschinen für Flugzeuge und Militärfahrzeuge. Mit Ausnahme des Turboladers für Flugzeuge brachte der Krieg nur wenige technische Entwicklungen für den Automobilbau hervor.

Industriell betrachtet ging es nur darum, möglichst viele identische Maschinen zu bauen. Wenn jedoch das Jahrzehnt vor dem Krieg und die Zeit der Feindseligkeiten nur wenig an Ästhetik zu bieten gehabt hatten, so wurde das Automobildesign in den 20er Jahren zum festen Bestandteil des Marketings.

Die Rennwagen wiesen den Weg dorthin und trieben mit ihren Stromlinienformen die Geschwindigkeiten in die Höhe.

Mit der Massenproduktion begann das organisierte Design. Der Fiat 501 von 1919 bemühte sich noch, Maschine und Passagiere zu schützen. 1930 spiegelte das großartige Design des Packard den Status seines Besitzers wider.

Der herausragendste Erneuerer war Ettore Bugatti, dessen panzerförmige Grand-Prix-Wagen von 1923 eine geschlossene Karosserie in Form einer Tragfläche hatten. Heute wissen wir im Gegensatz zu Bugatti alles über Auftrieb und Abtrieb durch umgedrehte Tragflächen. Die Karosserie des Typ 30, der im Querschnitt wie ein Flugzeugflügel geformt war, gebärdete sich bei 190 km/h ziemlich instabil. Außerdem fand man ihn allgemein unattraktiv, weshalb Bugatti ihn aufgab, um seine vollen Auftragsbücher zu sichern. Der hübsche, niedrige Typ 35, der 1924 folgte, war das erste Auto mit gegossenen Aluminiumrädern und eingebauten Bremstrommeln. Bugattis Hauptrivalen hießen Ballot, Sunbeam und Fiat und natürlich Bentley, die in eine vollkommen andere Richtung arbeiteten. Bugatti selbst hielt die Bentley Sport- und Rennwagen der 20er Jahre für die »schnellsten Lastwagen der Welt«, denn im Vergleich zu den leichten und attraktiven Franzosen waren sie roh und archaisch. Dennoch feierten sie auf den Rennstrecken große Erfolge.

Noch um einiges roher war der 29er Mercedes-Benz SSK von Ferdinand Porsche. Weniger aggressiv dagegen die Modelle von Lagonda und Vauxhall, dessen 30/98-Modell vor der Übernahme durch General Motors herauskam. Brewsters in den USA bauten nach Meinung vieler formschönere Rolls-Royce-Karosserien als die eher langweiligen Versionen, die aus Großbritannien stammten.

Das Zeitalter des Jazz

Das Bauhaus, Le Corbusier, Art deco und der Stijl in Europa, Jazz und Hollywood in den USA: Aber die Automobildesigner hinkten der modernistischen Explosion furchtbar hinterher, legten gegenüber der Art deco im Styling der Armaturen und Kühlerfiguren nur Lippenbekenntnisse ab.

Der Bugatti Typ 35 und der Alfa Romeo 6C 1750 von 1929 stellten den Höhepunkt des Autodesigns der 20er Jahre dar.

Zwischen dem I. und II. Weltkrieg dominierten die französischen Designer, wenn auch einige bemerkenswerte Entwürfe von amerikanischen Zeichentischen kamen. Die Reichen und Schönen reisten durch die Welt, und besonders in Europa war es beliebt, an die Côte d'Azur zu fahren. Um dies stilvoll tun zu können, wandte man sich in den 30er Jahren den Sportwagen zu, und schon bald sah man die Grand Routieri in Richtung Süden an die sonnige See fahren. Seinen neuen Grand Tourer auf die Straße zu bringen war allerdings nicht ganz einfach. Normalerweise bestellte der Kunde Chassis und Motor, dann wurde beim Designer ein Entwurf ausgesucht. Der Karosseriebauer erstellte dann ein Holzmodell, manchmal sogar in Originalgröße; bei Zufriedenheit wurde das Fahrzeug zusammengebaut, und man konnte losfahren.

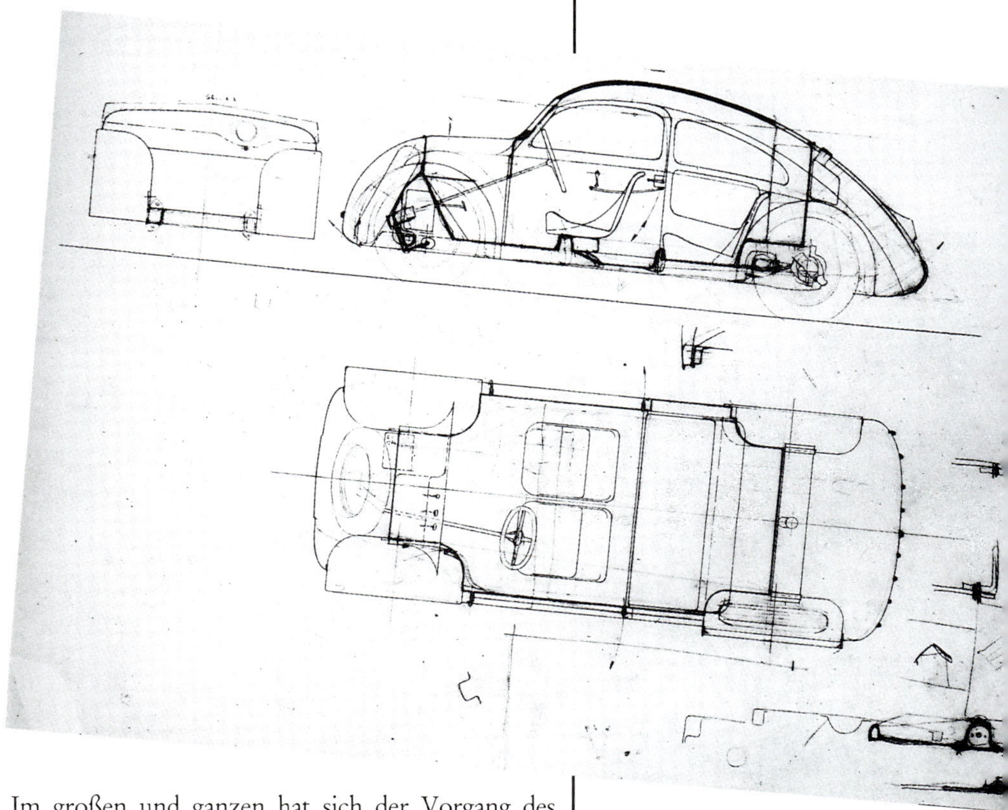

Im großen und ganzen hat sich der Vorgang des Entwerfens nicht verändert, abgesehen von neuen Materialien für die Modelle, wie Ton (in den späten 20ern von Harley Earl eingeführt) oder Gips, Plastilin und glasverstärktes Plastik (GRP). Später kamen der Windkanal und das Computerdesign (CAD) zur Ausformung der Ideen hinzu.

Dr. Ferdinand Porsche brachte mit seinem Typ 60, dem Prototyp des Volkswagens, die Stromlinienform unters Volk. Der Citroën CV 15 stellte mit seinem technisch fortgeschrittenen Konzept das Ende der Grand Routieri dar.

Die Grand Routieri

Eine Reihe exzellenter französischer Karosseriebauer kamen in den 30er Jahren zu einiger Berühmtheit: Saoutchik, Faget Varnet, Pourtout, Figoni et Falaschi, die allesamt höchst elegante und manchmal extravagante Karosserien schufen. Die französischen Chassis kamen meist von Bugatti, Delage, Delahaye, Hotchkiss, Salmson und Talbot. Sie waren bewußt für den teuersten Markt gedacht. Die Wagen waren wegen

André Citroens CV7 von 1938 war sowohl technisch als auch stilistisch für seine Zeit führend.

ihrer massigen Chassis und Karosserien meist zu schwer und unwirtschaftlich. Zwei Wagen markierten das Ende der Grand Routieri: Der erste war der leichte, frontgetriebene Citroën 7 (aus dem später der CV 15 wurde) und dann der zeitgleiche Peugeot, der schon 1934 eine ausgezeichnete Straßenlage hatte und annehmbar stilvoll wirtschaftliches und zugleich komfortables Fahren ermöglichte.

Vor allem der Citroën ließ erkennen, daß die Zeit reif war für die luxuriösen Ungetüme, deren Ende aber mit dem II. Weltkrieg und der Besetzung Frankreichs kam. Nach dem Ende der Kampfhandlungen versuchten viele Karosseriebauer einen Neueinstieg mit ihren Vorkriegsentwürfen, aber natürlich hatten sich die Zeiten geändert: nicht nur auf dem Automobilmarkt, sondern auch in der Verfügbarkeit der Rohstoffe. Manche versuchten es mit Holz, indem sie vielleicht drei Viertel der Karosserie in Holz und den Rest in Stahl fertigten. Ein Daimler, der 1949 auf diese Weise von Saoutchik bearbeitet wurde, wog am Ende eine Tonne mehr als das Fabrikauto!

Die französischen Karossiers schienen nicht verstanden zu haben, daß sich der Trend im europäischen Design gewandelt hatte, und mit den gewaltigen Steuern auf Luxusautos im Frankreich der 50er Jahre war ihr Schicksal besiegelt.

Die europäischen Entwürfe für den Massenmarkt waren beeinflußt von den USA, wenn sich auch Italiener wie Ghia und Pininfarina bald der Spezialaufgaben annahmen. Der Krieg hatte große Entwicklungen in der Aerodynamik und Verhüttungstechnik gebracht, und es schien, als würde in der lebhaften Atmosphäre des befreiten Italiens eine angestaute Welle der Kreativität losbrechen.

Nichts dergleichen in Großbritannien, das wegen seiner in fünf Kriegsjahren verwüsteten Wirtschaft zu einem Jahrzehnt stilistischer Mittelmäßigkeit verdammt war. Viele der britischen Fabriken hatten zwar überlebt, aber die Industrie lag am Boden, und im Klima der Enthaltsamkeit wurde der Funktionalismus übermächtig. Der einzige Lichtblick war William Lyons Jaguar XK 120. Selbst die kleinen französischen Hersteller ließen ihre einheimischen Karosseriewerkstätten im Stich, und 1950 war auch bei Peugeot und Renault klar, daß es Vorteile brachte, wenn

man erkennen konnte, welcher berühmte italienische Designer eines ihrer Modelle entworfen hatte. In den frühen 50ern fuhr man für eine Karosserie nach Italien und für einen Anzug nach London! Und das, obwohl Pininfarina anfangs nur drei oder vier Entwürfe im Monat erstellte. Sein Lancia Aurelia B20, vorgestellt auf dem Turiner Autosalon 1951 und ab 1953 in Produktion, besaß betont weiche Linien, die ein neues Verständnis für Proportionen ankündigten, zumindest innerhalb Europas.

Der erste dieser neuen Sportwagen war ein weiteres Werk von Pininfarina, der Cisitalia 202, ein frischer Entwurf, der eine ganze Generation von Coupés beeinflußte.

Zweckmäßiges Styling stammte in den 50ern, in denen Ästhetik an erster Stelle stand, von Pininfarina, Touring und Ghia. In den USA wurde die Lage immer zügelloser, da die wichtigsten Designer (Harley Earl, Bill Mitchell, »Dutch« Darrin und Raymond Loewy) erst von Düsenjets, dann von Raketen besessen waren. In Großbritannien folgte der Markt den Tendenzen aus den USA und Italien in abgeschwächter Form, während sich in den von Frank Costin und Colin Chapman entworfenen Lotus-Sportwagen und Vanwall-Grand-Prix-Wagen eine realistischere Einstellung gegenüber der Aerodynamik zeigte. Britischen Lorbeer im internationalen Rennsport gewannen die »kurvenreichen« C- und D-Typen von Jaguar, gefolgt von Aston Martins DB-Rs. Wie die Mercedes', die Mitte des Jahrzehnts kurz zur Blüte kamen, waren

GEGENÜBER Vorder- und Rückansicht des 59er Cadillac auf dem GM-Versuchsgelände.

UNTEN Citroën Traction Avant mit langem Radstand.

LINKS Der Jaguar XK 120 war 1954 der Stolz Großbritanniens.

UNTEN Der Cisitalia 202 setzte einen neuen Standard im Styling von Sportcoupés.

Kontraste bei den Cabriolets: **RECHTS** 1956 direkt vom Zeichentisch in Detroit: Idee für ein neues Ford Cabrio. **UNTEN** Die europäische Variante: Citroëns waren stilistisch der Zeit schon immer etwas voraus. Henri Chapron verwandelte diesen DS in ein Cabriolet.

auch dies selbstgebaute, besonders attraktive Versionen früherer, in Italien entworfener Ferraris, Maseratis und Alfa Romeos wie Alfredo Vignales Carrozzeria Sport von 1950.

POPKULTUR

Der große konzeptionelle, britische Durchbruch kam 1959 mit Alex Issigonis' Mini, der zu anderen Elementen »modischen« Designs der Popkultur paßte. Das allgemeine Klima drehte sich um die Jugend, und es gab eine deutliche Wohlstandsexplosion, die einen größeren Teil des Einkommens für den Autokauf freisetzte. In bezug auf das Design förderte der Mini eine neue Generation kleiner, frontgetriebener Stadtautos und machte das Prinzip des Frontantriebs populär, das Citroën seit gut zwanzig Jahren als die normalste Sache der Welt betrachtet hatte.

Am teuren Ende des Marktes verkörperten wiederum die Ferraris von Pininfarina, Malcolm Sayers Jaguar-E-Typ und ein Stück weiter unten der Lotus Elan begehrenswertes Sportwagenstyling. Es war eine Zeit extravaganter Farben, die direkt von den Modehäusern des »Swinging London« beeinflußt waren. In den USA kamen die Pony-Cars mit dem 64er Ford Mustang, und die Corvette sah immer bedrohlicher aus. Supercars wie der Lamborghini Miura von Bertone und der von Eric Broadley stammende Ford GT 40 wurden Traumwagen. Es waren Rennwagen wie der GT 40, die Ferraris 250 LM und P3/4, dazu Broadleys eigener Lola T70 und der Porsche 906, die den Standard setzten.

Porsches eigene Folge von 906, 907, 908 und 917 gibt ein deutliches Beispiel dafür, wie sich ein solches Design entwickelt und noch bei den 962ern von 1989 nachweisbar ist. Während der 60er und 70er Jahre wurde die Reifentechnik in den Wettbewerben derart weiterentwickelt, daß die breiten Reifen der Rennwagen zum Merkmal der straßentauglichen Supercars wurden. Anatole Lapines Porsche 928 ist ein typischer Fall, während Ferdinand »Buzzi« Porsches 911er von 1963 inzwischen Reifen hat, die so breit sind, daß sie vor 25 Jahren absolut bizarr gewirkt hätten.

Eine ganze Menge anonymer Brot- und Butter-Designs wurden in einem Gremium entworfen (der Ford Capri ist ein gutes Beispiel), wobei neben den

LINKS UND UNTEN Die Inspiration für den Lamborghini Miura stammt von Rennwagen Mitte der 60er.

UNTEN LINKS Der 928 mit V-8-Motor war Porsches Grand Tourer für die 70er.

LINKS UND GEGENÜBER 1968 nimmt der Ford Capri, »das Auto, das Sie sich immer gewünscht hatten«, seine in einem Gremium entworfenen Formen an. Trotz seiner veralteten Technik blieb er über zwei Jahrzehnte populär.

Zeichnern aus der Designabteilung auch der Vorstand ein Wörtchen mitzureden hatte. Dennoch hatten Männer wie Earl, Loewy und Mitchell in den USA einen Namen und in den 70ern begann das sich auch in Europa durchzusetzen.

Designer wie Giugiaro und Gandini hatten bei Ghia und Bertone gearbeitet und bauten nun ihre eigenen Studios auf. Giugiaros Firma Ital Design war für die Flut von eckigen, keilförmigen Wagen verantwortlich, die in den frühen 70ern bei den Briten so beliebt waren. Beste Beispiele für den »Keil« sind der Lotus Excel und die zweite Generation des Elite. Ein Showcar pro Jahr brachte nicht die Miete zusammen, und diese Männer traten in die Fußstapfen ihrer Lehrer, indem sie Entwürfe für große Firmen erstellten.

Es folgte eine Reihe uninteressanter »Eurobox«-Wagen mit Heckklappen, die wiederum aerodynamische Hilfsmittel aus dem Rennsport übernahmen, um interessant auszusehen, so daß man Spoiler, Air-Dams und Seitenschürzen an Autos fand, die kaum über 160 km/h hinauskamen. Diese Mode war bis 1988 soweit zur Vernunft gekommen, daß man die Auswüchse in das Grunddesign eines Wagens wie dem Fiat Tipo einarbeitete.

Autos wie Uwe Bahnsens Ford Sierra brachten interessantes Styling auf den großen Markt, und der kompromißlose Audi Quattro machte den Turbolader und den Vierradantrieb populär. Pininfarinas Peugeot 205, der Tipo und sein älterer, aber kleinerer Bruder Uno waren beliebte Designer-Autos, denn sie besaßen frische, vernunftorientierte Formen, und die neureiche Yuppie-Kultur in den Hauptstädten kaufte saubere, neue Entwürfe wie den BMW Z1 und die beiden größten Supercars, den Porsche 959 und den Ferrari F40.

Viele Hersteller hatten zur Verbesserung der Aerodynamik 15 Jahre lang Tests im Windkanal durchgeführt, bis diese Modelle vorgestellt werden konnten. Henry de Segur Lauves Citroën-Maserati SM erreichte in den späten 60ern einen cw-Wert von 0,25! 1980

OBEN Ein Holzmodell für den Sierra entsteht in den Studios bei Ford.

RECHTS Giuiaros Studie für einen luxuriösen Lotus, den Etna.

UNTEN Der Ferrari F40 von 1988 macht keinen Hehl aus seiner Rennwagenabstammung.

UNTEN Rennwagentechnik wurde mit dem Lotus Elan Si erschwinglich.

LINKS Malcolm Sayers Jaguar E-Typ wurde in den 60ern allgemein als Sexsymbol betrachtet.

waren die Computer soweit ausgereift, daß sie zu einem brauchbaren Werkzeug im Design-Studio wurden. Computerdesign arbeitete bald Hand in Hand mit computerunterstützter Fertigung, eine Arbeitsweise, die die großen japanischen Hersteller eingeführt hatten, und es war nur eine Frage der Zeit, bis die exklusiveren Design-Studios das Styling per Computer übernahmen. Das Konzept des Designs bleibt jedoch eine intellektuelle Angelegenheit, und Entwürfe per Computer werden stets der künstlerischen Vorstellungskraft eines Top-Stylisten untergeordnet sein, dessen Intuition und kreativer Geist niemals ersetzt werden können. Die moderne Technologie ermöglicht der Inspiration, zu immer großartigeren Höhenflügen anzusetzen.

OBEN Zum Rennen getuned: verbreiterte Kotflügel kennzeichneten den Porsche 944 gegenüber dem schwächeren 924.

LINKS Der Einfluß des Rennsports auf den Pontiac Banshee von 1988 läßt sich nicht leugnen.

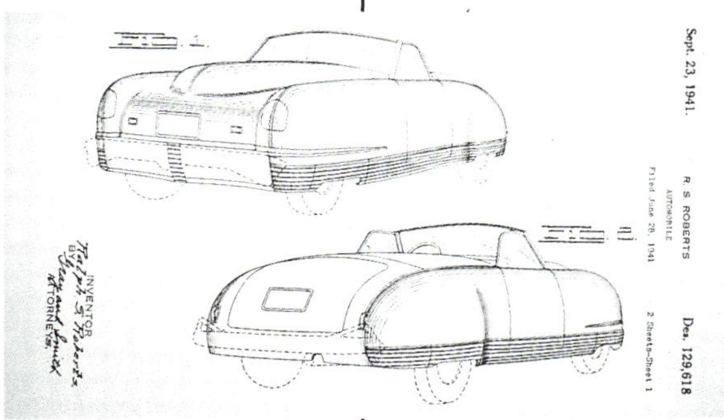

IM UHRZEIGERSINN VON OBEN Zeichnungen für den 41er Chrysler Thunderbolt. Duesenberg Towncar von 1949. Ein Chrysler Cabrio von Derham. Eine Studie des Facel Vega. Ton-Modell eines Ford von 1949. Die GM-Design-Abteilung.

RECHTS GM Design-Studio 1957. Tom Pelky modelliert 1956 bei Dodge am Ton-Modell.

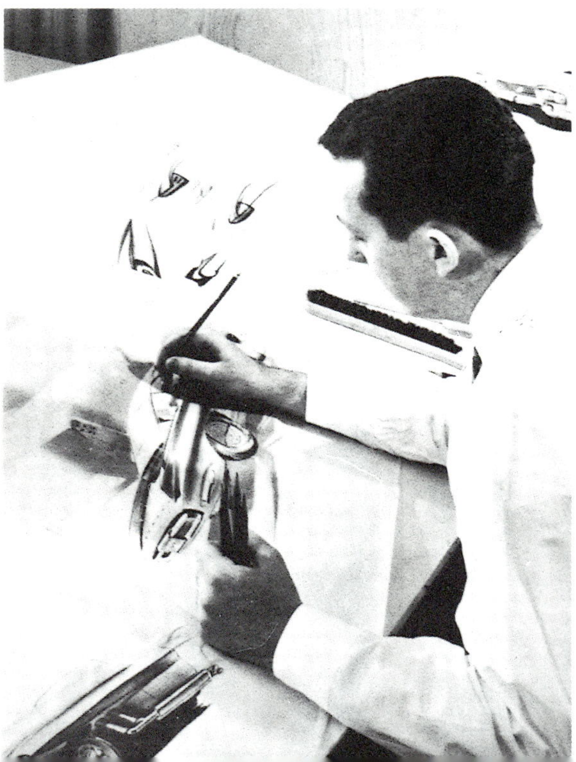

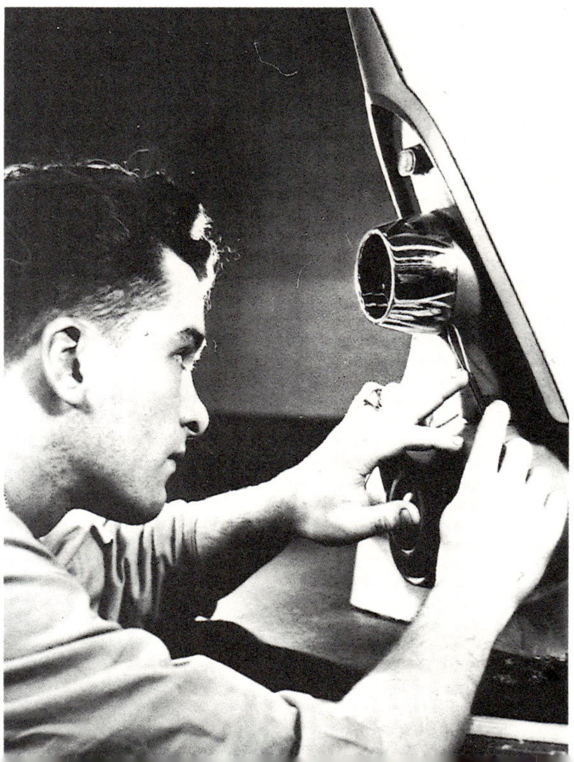

IM UHRZEIGERSINN VON OBEN Chrysler K310. Aus einer anderen Welt: Chryslers Antwort auf die »Fliegende Untertasse«. Aerodynamik-Tests bei Chrysler. Die Männer, die die Turbine bauten. Der Lincoln Continental von 1942. Der Ford Thunderbird von 1959.

APA 6B
JAMESIGNS (LONDON) LTD
GB

DIE DESIGNER

HARLEY EARL

RECHTS Harley Earl mit einem Cadillac LaSalle von 1927.
UNTEN RECHTS Prototypmodell für den 37er Buick.
UNTEN LINKS Prospektillustration für den Buick 8 von 1937.

Alfred P. Sloan, Gründer und Präsident von General Motors, schrieb Anfang der 20er in einer Mitteilung an seine Mitarbeiter, daß sich die technische Entwicklung des Automobils nunmehr stabilisiert habe und man die Leute nur zum Kauf eines neuen Wagens bringen könne, wenn man dessen Form ändere. Das Konzept hieß: Styling muß modisch sein.

Entsprechend baute Sloan eine Art and Color Section auf, die sich die neue Duco-Synthetik-Farbpalette von DuPont zunutze machte. Harley Earl, in der Branche als »Misterl« bekannt, wurde 1926 von seinem Freund Larry Fisher, dem Präsidenten von Cadillac, eingestellt, und begann, seine eigenen Einflüsse (besonders Hollywood und die Rennstrecke von Santa Monica) auf die Autos zu übertragen. Das erste Fahrzeug, das er entwarf, war der Cadillac LaSalle von 1927; er war niedriger und länger als alle anderen amerikanischen Wagen und ähnelte dem Hispano-Suiza.

Damals hatte Cadillac ein schlechteres Image als Packard, Pierce oder Peerless, und das neue Aussehen half seinem Ruf auf die Sprünge. Man brauchte eine stilistische Identität für jedes einzelne Modell, aber auch für jede Abteilung innerhalb von GM. Die Technik bestand darin, die Phantasien und fixen Ideen der Leute in Form von Autos in die Realität umzusetzen. So konnte GM 5 Millionen Wagen im Jahr absetzen.

Earl wurde 1893 in Hollywood in einen Familienbetrieb hineingeboren, der Pferdedroschken baute, bevor 1908 daraus die Earl Motor Works wurden. Als untauglich von der Stanford University entlassen, begann Harley Earl, eigene Karosserien zu bauen und an Filmstars wie Jack Pickford und Fatty Arbuckle zu verkaufen.

Earls Nachbar in Hollywood war kein Geringerer als Cecil B. DeMille, Schöpfer großer Filmepen. »Misterl« ließ sich vom theatralischen Hollywood inspirieren und nahm ebenfalls Ton zum Modellieren.

OBEN Prototyp des Buick 8 von 1937.
LINKS Harley Earl posiert im »Y-Job« von 1938.
UNTEN Earls Begeisterung für Düsenjets wird im Buick LeSabre von 1951 deutlich.

OBEN Das viersitzige Buick Skylark Cabrio mit seinem harmonischen Profil.
UNTEN Buicks Verkaufsbroschüren aus jener Zeit waren äußerst zurückhaltend.

Mit diesem Material konnte der Designer Linien und Kurven dreidimensional entwickeln. Das hatte einen unmittelbaren Vorteil gegenüber den zweidimensionalen Konzepten auf dem Zeichentisch, und wenn auch die Grundideen immer noch auf dem Papier erarbeitet wurden, so ging das Entwerfen hauptsächlich mit Ton vor sich. Bald wurde diese Methode in der gesamten Automobilindustrie angewendet.

Nach einer Weile war Earl im Studio berüchtigt für seine Arbeitsmethoden. Extrem elegant und charismatisch, einschüchternde 1,93 m groß, hatte er den Ruf, ziemlich autoritär zu sein. Wenn seine Assistenten ein Tonmodell gebaut hatten, wurde es dem Management vorgestellt. Wenn alles in Ordnung war, wurde dann von dem originalgroßen Prototyp ein Fiberglasmodell angefertigt.

Ein anderer bemerkenswerter Beitrag Harley Earls zur amerikanischen Autoindustrie war die Einführung der »Motorama« in den 40ern. Earl war ein großer Fan von Al Jolson, und er ging beim *Jazz Singer* in die Lehre, um sein Publikum einschätzen zu können. Er beschloß, den Leuten etwas zu geben, was ihren Appetit auf phantastische Autos wecken sollte. Damals gab es in den USA keine solche Motor Show, und die »Motorama« wurde eine Art verschwenderischer Wanderzirkus mit Live-Musik und Busby-Berkeley-Nummern, der von einer Stadt zur anderen zog und dort Harleys und GMs Traumwagen ausstellte. Dies diente nicht nur der Werbung oder der Unterhaltung des eigenen Personals, sondern man konnte außerdem die öffentliche Meinung zu den neuesten Styling-Ideen prüfen. Zu diesen Kreationen gehörte der erstaunliche Buick LeSabre von 1951, der Earls andere fixe Idee verriet: Düsenjets. Der LeSabre war beinah eine Karikatur des damaligen Sabre F-86 Kampfbombers, mit Panoramascheibe und einer Reihe spektakulärer Luftröhren, die aber nichts zur Kühlung der bescheidenen Buick-Maschine beisteuerten. Der LeSabre war eine Zeitlang Earls persönliches Transportmittel, und sogar General Eisenhower borgte ihn sich aus, um die NATO-Befehlshaber in Paris zu beeindrucken.

LINKS Earl mit seinem Projekt von 1959, dem Firebird III Turbinenwagen mit Kuppelcockpit.
UNTEN Der Firebird I von 1954, ein Jet auf Rädern.
GANZ UNTEN Earls Glanzstück, der 53er Chevrolet Corvette.

Earls Liebe zu Flugzeugen begann 1943 auf der Selfridge Airforce Base, als er Kelly Johnsons Lockheed Lightning P-38 sah. Dieses Flugzeug war insofern ungewöhnlich, als es einen Doppelrumpf und doppelte Seitenflossen und -ruder besaß. Nachdem Earls Cadillac Sedanet diese Merkmale übernommen hatte, fanden sie sich ein ganzes Jahrzehnt lang in der gesamten amerikanischen Automobilindustrie wieder. Ebenso die Panoramascheibe, die mit einigen Schwierigkeiten von Libbey-Owens-Ford gebaut wurde. Es gab keine mathematische Formel, um die Winkel festzuschreiben, die Earl vorgegeben hatte. Bald mußten alle Panoramascheiben haben, und je teurer der Wagen war, desto steiler war ihr Neigungs- und Krümmungswinkel.

Die Corvette, benannt nach einem Marinekreuzer, war der erste Traumwagen aus Earls »Motorama«, der in Produktion ging. Was den »Traum« betraf, so war sie nur in bezug auf ihre Karosserie traumhaft. Äußerlich verband sie das Bild des Düsenjets mit elegantestem europäischen Sportwagendesign. Darunter verbargen sich jedoch alle Unannehmlichkeiten der

OBEN Der Chevrolet BelAir von 1955 wirkt sauberer als das 53er Cadillac Cabrio rechts. **UNTEN** Harley Earl und sein »Y-Job« von 1938, die Firebirds I und II und der LeSabre von 1951.

Importe von MG und Jaguar, dazu hatte sie das Fahrverhalten eines Schleppkahns mit Lkw-Reifen. Enthusiasten konnten den Motor zwar »heiß« machen, aber der normale amerikanische Autokäufer interessierte sich in den 40ern und 50ern nur dafür, wie das Ding aussah, nicht wie es fuhr. Daher machte es nur wenig, wenn die Technik unterentwickelt war. Was zählte, war die Größe der Heckflossen und die Menge an »Chronium« (ein Earl-ismus). Es waren glückliche Zeiten für das amerikanische Autodesign, was viele von Earls Schöpfungen bezeugen: der 53er Cadillac Eldorado, der 53er Buick Skylark, der 55er Chevrolet Bel Air und natürlich die 58er und 59er Cadillac Fleetwoods. Inzwischen lag Earls Grundgehalt bei 130 000 $. 1959 zog er sich zurück, um seine eigene Stylingwerkstatt aufzumachen. Er starb 1969.

Harley Earls Einfluß war umfassend. Kein Karosserieteil war vor ihm sicher. Als die Dachlinien immer niedriger wurden, war die riesige Fläche nackten Metalls für jedermann sichtbar. Was konnte man damit anstellen? Eigentlich sollte sie nur den Regen abhalten. Aber natürlich! »Misterl« fügte Furchen ein!

Als »Chronium« bergeweise zur Verfügung stand, kam Earl wie mit einer Schaufel, und die 58er und 59er Cadillac Eldorados bekamen ihren Teil. Schwellen und Volants des unten abgebildeten Modells Biarritz sind damit ausgeführt.

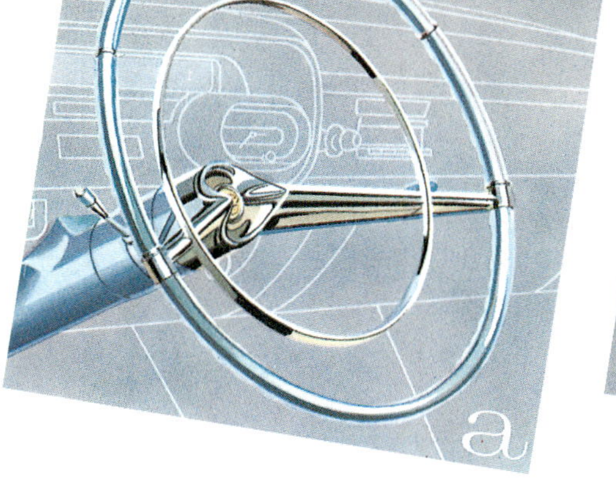

BILL MITCHELL

In seinen 17 Jahren als Vizepräsident der Designabteilung bei General Motors war Bill Mitchell für die Form von knapp 72 Millionen Autos verantwortlich, was beinah fünfzig Prozent des gesamten US-Marktes waren. Dazu gehörten der 63er Riviera, der 67er Eldorado, der 70er Camaro, der 75er Seville und der 77er Impala. Was ihm jedoch seinen Ruf einbrachte, war der Star von 1963: der Chevrolet Corvette.

Sein Vater war ein Buick-Händler aus Pennsylvania gewesen. Nach seinem Schulabschluß besuchte er abends eine Kunstschule in New York und arbeitete tagsüber bei der Werbeagentur Colliers. Mit den Söhnen des Chefs fuhr er Rennen in selbstgebauten Wagen, und eines Tages wurde Harley Earl auf diese Aktivitäten aufmerksam. 1935, mit 20 Jahren, kam er zu »Misterls« Art und Color Section bei GM und war 1938 schon Designchef für Cadillac, wo sein erster Erfolg der Cadillac 60 Special wurde. Die Abteilung arbeitete in einem Großraumbüro, und die Designer der einzelnen Gruppen waren voneinander abgeschirmt. Allerdings reichten die Wandschirme nicht bis zur Decke, und man erzählt sich, daß Earl aus purer Schikane mit Papierflugzeugen oder Tonklumpen nach glücklosen Zeichnern geworfen hätte. So war das Leben in den großen Tagen der Art und Color Section!

William L. Mitchell an seinem Zeichenbrett als Vizepräsident der Stylingabteilung von General Motors.
RECHTS Ein Modell für eine seiner Ideen von 1940 und darunter der Cadillac 60 Special von 1938.

LINKS UND UNTEN LINKS Studien vom Concept Car aus dem Jahr 1940, die umfassende stromlinienförmige Kotflügel zeigen. Die Vorderansicht verbindet die Art deco mit dem Space Age.

OBEN UND LINKS Auszüge aus der Broschüre für den hochgelobten Cadillac 60 Special.

Mitchell war stets darauf bedacht, alles modern wirken zu lassen und frischte die Linie des 41er Cadillac auf, indem er ihn mit einer Menge Chrom und einem horizontalen Kühlergrill ausstattete. Kurz darauf wurden ihm auf einer Reise mit Harley Earl in Kalifornien die Augen geöffnet. Hier sah er alle möglichen Arten von heißgemachten und umgebauten Wagen, von Talbots und Delages bis hin zu Cords und Cadillacs mit Spezialkarosserien. Das machte ihm die Sterilität und den Konservatismus von Detroit bewußt.

Nach seiner Zeit bei der Navy machte man ihn zu Earls Assistenten. Er sollte die Mitarbeiter motivieren, die es gewohnt waren, sich von Earl einschüchtern zu lassen. Er weckte ihre Begeisterung und stellte mit seinen schlagfertigen Antworten wieder eine kreative Atmosphäre her. Es folgten fünf Jahre als Chef von Earls persönlicher Designberatung, aber danach war er wieder Earls Assistent.

Als sich »Misterl« 1959 zurückzog, bekam Mitchell seinen Job. Sein Enthusiasmus war allgegenwärtig, und immer wieder bezog er sich auf seine Reise nach Kalifornien 1941, überzeugt davon, daß Automobilstyling abhängig ist von frischen Ideen und einem aufregenden Fahrerlebnis. Seine Bearbeitung des Sting Ray von 1959 belegt dies. Er sponsorte auch den SR2, den Dr. Dick Thompson mit enormem Erfolg während der SCCA-Saison 1960 fuhr. Ein weiteres Beispiel war der Mako Shark, inspiriert von einem erfolgreichen Angeltrip.

Die Corvette verkörperte Mitchells Einstellung zu Autos. Seine Ermahnung an die Designer hieß: »Laßt sie aussehen, als könnten sie einem was antun!« Wagen sollten ungestüm, schnell, schön und entschlossen aussehen, kurz, etwas wirklich Besonderes sein, und genau das war der 63er Sting Ray mit der geteilten Heckscheibe.

Nachdem Mitchell sich 1977 von GM zurückgezogen hatte, gründete er, ähnlich wie Earl, seine eigene Firma und arbeitete viel für Goodyear und Yamaha, war ständig bei Rennen zu finden und blieb ein unbeirrbarer Autoenthusiast.

OBEN Fast eine Karikatur des Sting Ray, aber der Manta Ray sieht sogar noch bedrohlicher und entschlossener aus.
MITTE UND RECHTS Zwei Variationen des Sting-Ray-Themas: das 59er Coupé und der SR2, der bei SCCA-Rennen gefahren wurde.

OBEN Bill Mitchell mit seinem Corvette-SR2-Rennwagen und einigen anderen GM-Sportwagenmodellen.

LINKS Eine Auswahl von Modellen, die während seiner Zeit bei GM entstanden.

OBEN Mitchell konzipierte den Mako Shark nach einem Angelausflug und überarbeitete die Corvette entsprechend.
RECHTS Die Rückansicht des Mako-Shark-II Coupés sah so böse aus wie das richtige Tier. Die Ähnlichkeit reichte sogar bis hin zu den Kiemen.

LINKS Die Corvette SR2 auf einer Drehscheibe im Henry-Ford-Museum in Dearborn.

UNTEN Mitchell zeichnete die letzte der klassischen Corvettes 1968.

GORDON BUEHRIG

Gordon Buehrig wurde 1904 geboren und litt als Kind darunter, verrückt nach Autos zu sein und einen Vater zu haben, der keines besaß. Als Student bekam er von seinem Cousin dessen Orient Buckboard und baute dafür eine Speedster-Karosserie. Nachdem man ihn als Taxifahrer gefeuert hatte, weil er noch keine 19 war, arbeitete er für C. R. Wilson, einen Karosseriebauer aus Detroit. Als Designlehrling bekam er 40 Cent die Stunde. 1926, nach einigen ähnlichen Jobs, verdiente Buehrig als Detail- und Konstruktionszeichner bei Packard bald 200 $ im Monat. Zu dieser Zeit rief General Motors seine Art und Color Section ins Leben, und die Versuchung, dort anzufangen, war einfach zu groß, selbst wenn dies eine Gehaltskürzung bedeutete. Buehrigs Bewerbung wurde angenommen.

Unter Harley Earl war es Buehrigs erste Aufgabe, die Armaturen für den »ideenreichen« 29er Buick zu entwerfen. Aber noch bevor das Modell herauskam, war er bei Stutz, die ihm ein Gehalt zusicherten, von dem er sich ein neues Auto, einen 29er Buick Roadster, leisten konnte. Buehrig blieb bei Stutz, bis er die drei bootsförmigen Stutz-Le-Mans-Wagen von 1929 entworfen hatte. Sie basierten auf dem kurzen Black-Hawk-Chassis und wurden von Weymann in Indianapolis gebaut, die noch viele von Buehrigs Entwürfen umsetzen sollten. Seine stürmische Karriere fing gerade erst an. Stutz geriet in finanzielle Schwierigkeiten, und noch im gleichen Jahr ging Buehrig im zarten Alter von 25 als Chefdesigner zu Duesenberg.

Nach dem Börsenkrach war der Markt für Luxuswagen sehr unsicher, und Duesenberg hatte Sorge, daß sich die reichen Kunden abwenden könnten. Es war üblich, Aufbauten von Karosseriebauern wie LeBaron, Murphy, Derham, Judkins, Holbrook und Willoughby zu kaufen, aber die Kunden konnten den gleichen Stil bei scheinbar minderwertigeren Marken wie Pierce-Arrow oder Packard finden, die auch dort kauften. Um Duesenbergs herausgehobene Stellung aufrechtzuerhalten, lautete Buehrigs Auftrag vom Verkaufschef Harold Ames, etwas wirklich Exklusives zu entwerfen.

Sein erster Entwurf war ein Coupé mit kurzem Radstand, das Judkins für Schreve Archer baute. Als nächstes kam der Beverly Sedan, der in einigen Exemplaren entstand; und obwohl Buehrig damals eine Menge Entwürfe einreichte, verhinderte die Wirtschaftslage, daß sie jemals in Produktion gingen. Einer, der es schaffte, war der großartige, grün-gelbe, bei Derham gebaute Tourster, der 1929 auf dem Autosalon in Chicago gezeigt und von Gary Cooper gekauft wurde. Dann war da noch der Brunn Torpedo Phaeton, den man 1931 nach Marc Lawrences speziellen Wünschen baute, gefolgt von mehreren, ähnlich ele-

Buehrig hatte die Idee für den Cord, während er bei Art und Color arbeitete, entwickelte den Entwurf jedoch bei Duesenberg.

Der einzigartige Cord 810 besaß versenkbare Scheinwerfer und einen Kompressor. Der Wagen wurde bis 1936 hergestellt, als Erret Cord seine Fabrik schloß.

ganten Entwürfen, die bei Weymann und A. H. Walker enstanden.

1933 war eine magere Zeit für Duesenberg, und Buehrig schloß sich für kurze Zeit erneut Harley Earls Mannschaft an, wo er die Idee für den Cord 810 bekam. Harold Ames, inzwischen Präsident von Duesenberg, plante billigere Auburn-Teile auf dem Chassis des Duesenberg zu verwenden. Der daraus entstandene 34er Auburn war nicht besonders erfolgreich, aber sein Nachfolger von 1935 hatte ein wohlgeformtes, klares Design. Inzwischen war das frühere Modell überarbeitet und als Cord mit Frontantrieb vorgestellt worden. Man hatte an dem Entwurf herumgedreht, weil das Management bei Duesenberg billigere Ausrüstung und Auburn-Teile verwenden und ganz allgemein Buehrigs Originalentwurf verändern wollte.

Mit Hilfe des Präsidenten von Auburn, Roy Faulkner, brachte Buehrig den Cord durch, und mit einigen Nachtschichten der Auburn-Belegschaft schaffte er es zum Salon 1935.

Zu Buehrigs weiteren Entwürfen zu dieser Zeit gehörte der Rollston »Twenty Grand« Duesenberg Sedan von 1933, der Cord 812 und der Auburn Speedster 852 von 1935. Als E. L. Cord sich des nachlassenden Qualitätsunterschieds zwischen seinen eigenen Wagen und denen aus der Massenproduktion bewußt wurde, schloß er seine Firma, und Buehrig stand für einige Jahre im Regen. Während des Krieges entwarf er Flugzeugteile und arbeitete bei Studebaker kurz unter Raymond Loewy. 1949 ging er als Chef des Designs für Karosseriebearbeitungen zu Ford und war für die Umarbeitung von Limousinen zu Cabrios und Kombis verantwortlich. Buehrigs Ranchwagen von 1952 war der erste Vollmetallkombi, der mit dem hölzernen Konzept brach und die Verkäufe von Kombiwagen in einem Jahr von 7 000 auf 140 000 Stück brachte. Nach anfänglicher Mitarbeit am Ford Falcon war Buehrig von 1959 bis zu seinem Ruhestand 1965 leitender Designingenieur für die Entwicklung von Plastikkarosserien und die Verwendung von Plastik bei Autoteilen.

JOHN TJAARDA

1951 hob das New York Museum of Art den Lincoln Zephyr als erstes stromlinienförmiges Auto aus den USA hervor, und europäische Experten wie Dr. Ferdinand Porsche, Rasmussen von Auto Union und Dolfous von Hispano-Suiza erklärten ihn zum einzig interessanten Wagen aus Amerika. Es kann nicht überraschen, daß Porsche und Rasmussen Gefallen an John Tjaardas ursprünglichem Heckmotorentwurf fanden, da er wie eine übergroße Version des Käfers und des Nachkriegs-Auto-Union-DKWs aussah. Tatsächlich erschien der Zephyr genau zeitgleich mit dem ähnlich gestylten tschechoslowakischen Tatra Typ 77A, der einen V-8-Heckmotor besaß.

1932 stand Fords Geschäft mit dem Lincoln fast still, und um die Dinge wieder ins Rollen zu bringen, wurde Tjaarda von General Motors abgeworben. Dort hat er ein zweitüriges Coupé mit Bullaugen und vierteiliger Windschutzscheibe entworfen. Er hatte bei Locke & Co. schon einige Erfahrung mit schnittigen Karosserien auf Chassis von Duesenberg, Packard, Pierce-Arrow oder Stutz gesammelt, und W. O. Briggs, der Lincolns bearbeitete, gab Tjaarda die Möglichkeit, zu tun, was er wollte. Mit Zustimmung von Edsel Ford, der eine spezielle Abteilung dafür einrichtete, wurde unter Geheimhaltung der Lincoln Zephyr entwickelt, da der Vorstand bei Ford den Aktivitäten der Designer, Edsels eigene fortschrittliche Bemühungen eingeschlossen, eher skeptisch gegenüberstand.

Drei Prototypen waren geplant. Es sollte einen Heckmotorwagen geben, mit Drehstabaufhängung, Automatikgetriebe und rundem Kühler. Dazu sollte es den gleichen Wagen mit Frontmotor und ein technisch ähnliches Cabriolet geben, aus dem später der Continental wurde. Lincolns Chefingenieur Frank Johnson entwickelte den neuen 4,4-Liter V-12-Motor, der ständig von ungeeigneten Ford-Teilen geplagt war, die die Kosten niedrig halten sollten.

Schließlich wurde ein Prototyp des Frontmotorwagens und eine Holzattrappe der Heckmotorversion mit einer Riesenshow im Land herumgezeigt, 18 Jahre vor Harley Earls »Motorama«. Die allgemeine Reaktion auf den Frontmotorwagen war weitaus günstiger als auf den Heckmotor, aber die breiten, sesselhohen Sitze und die stromlinienförmige Karosserie wurden bewundernd angenommen. Tjaarda kam zu dem Schluß, daß es unsinnig wäre, die Öffentlichkeit nach ihrer Meinung zu fragen: Wenn die Leute erst sehen, was sich bauen läßt, werden sie unweigerlich ihre Meinung so präzise äußern, daß sich daraus Zukunftstrends entwickeln lassen.

Zwei Testwagen erweisen sich als robust genug, was nötig war, denn es gab damals große Auseinandersetzungen über das Für und Wider des Baukastenprinzips. Zu Tjaardas Freude entpuppte sich der zeitgenössische Chrysler Airflow als doppelt so schwer wie der Zephyr. Den hatte sein ehemaliger Lehrmeister entworfen! Vom Modell des ersten Jahres wurden 15 449 Stück verkauft, zehnmal mehr als vom Vorgänger des Zephyrs.

Es wurden Prototypen des Lincoln Zephyr mit Front- und Heckmotor gebaut, aber Tjaarda fand heraus, daß die Leute den Motor vorn bevorzugten.

Der Lincoln Zephyr wurde unter der Schirmherrschaft von Edsel Ford entwickelt. Tjaardas Sohn Tom entwarf während seiner Zeit bei Ghia den DeTomaso Pantera.

HOWARD 'DUTCH' DARRIN

Darrin hat einmal gesagt, daß alles, was ihm passiert sei, bedeutsam gewesen wäre. Wenn zum Beispiel der zögerliche Edsel Ford seinen Rat angenommen und das A-Modell vor Auslaufen des T-Modells vorbereitet hätte, wäre Darrin in Detroit gelandet, und man hätte kaum noch etwas von ihm gehört. So aber verlor Ford nach dem Ende des T-Modells Millionen. Oder hätte Dodge beim Victory Six eine schräge Windschutzscheibe verwendet, wie Darrin es empfohlen hatte, knapp fünf Jahre bevor es Mode wurde, wäre er augenblicklich reich gewesen und hätte kaum noch Grund gehabt, für Geld zu arbeiten. Oder hätte er nicht Krach mit Harley Earl bei GM wegen des angeblich »schwangeren Buicks« gehabt, wäre die Wirtschaftskrise für ihn vielleicht anders verlaufen und so weiter.

Tatsächlich arbeitete »Dutch« Darrin mit einer Reihe großer Namen wie Ettore Bugatti, André Citroën, Louis Renault, Sir John Siddeley, Daimler-Benz und den Brüdern Panhard.

Er begann 1916 als Ingenieur bei Westinghouse mit dem Entwurf einer Automatik für Willys. Nach dem Krieg hatte er einen Flugbootservice in Miami, den er verkaufte, als vier seiner Piloten verunglückten. Er besorgte sich ein paar Delages und baute ihnen eigene Karosserien, wobei er Tom Hibbard kennenlernte, den Gründer der LeBaron-Karosseriebaufirma. Die beiden fuhren 1922 nach Frankreich, um in Paris einen Minerva-Handel zu gründen. Zum großen Erstaunen der belgischen Firma waren sie damit sehr erfolgreich, denn sie verkauften die Autos nicht nur an US-Bürger in Paris, sondern auch an Franzosen. Hibbard und Darrin bauten auch Karosserien für andere Marken als den Minerva und hatten großen Einfluß bei der Einführung von Stahlplatten anstelle von Holz.

1927 war das Minerva-Geschäft verkauft, und sie konzentrierten sich auf Karosserien für verschiedene Autos, von Rolls-Royces bis zu Duesenbergs und Hispano-Suizas.

Darrin spielte Polo in Lord Mountbattens Team, und folglich baute Barkers eine von Darrin entworfene Karosserie für den Mountbatten-Rolls.

Weitere Aufbauten von Hibbard und Darrin für Rolls-Royce in Amerika wurden bei Brewsters in New York gefertigt. Ihr bester Einzelkunde war damals der argentinische Millionär und Sportler Macoco, der auf der New Yorker Show 1928 ihre gesamte Kollektion vom Stand weg aufkaufte. Plötzlich waren sie ausverkauft!

Hibbard und Darrin waren echte Unternehmer. Einem Kunden verkauften sie sogar ein Château in Deauville und einen reinrassigen Hund, in Spanien kauften und verkauften sie ein Schloß mit dazugehörigem Fürstentum.

Außerdem führte Darrin ein amerikanisches Filmtheater in Paris, das jede Woche einen neuen Film zeigte.

Darrin bekam einen Auftrag von Studebaker, und mehr oder weniger unter dem Eindruck einer Hollywood-Party bei Darryl Zanuck kehrte er 1937 nach Amerika zurück. Schon bald verkaufte er seine exklusiven Karosserien in einem Ausstellungsraum auf dem Sunset Boulevard (wo die Leute glaubten, er wäre Franzose) an Berühmtheiten wie Dick Powell, der einen Packard 120 hatte, und die Gräfin Dorothy di Frasso, die einen Rolls-Royce besaß. Seine Flugerfahrung ermöglichte es ihm, während des Krieges eine Flugschule in Nevada zu leiten. Darrins nächstes Abenteuer war seine Zusammenarbeit mit Kaiser-Frazer, der Firma von Joseph Frazer, früher bei Willys und Graham-Paige, und dem Schiffsbauer Henry Kaiser. Die Designer der Fabrik in Willow Run waren so neidisch auf Darrin, der nur Berater war, daß sie ver-

Howard »Dutch« Darrins bemerkenswerteste Schöpfung war der Kaiser Darrin aus Fiberglas. Er besaß Schiebetüren und Seitenlichter in Form des unverwechselbaren Kühlergrills.

suchten, seinen Entwurf für den 51er Kaiser abzublocken, aber Darrins Design wurde angenommen. Dann folgte sein Meisterstück: der phantastische Kaiser Darrin 161 mit Fiberglaskarosserie, der 1954 gebaut wurde. Es wurden nur 435 Stück hergestellt, und Darrin kaufte 50 davon für sich, gab ihnen Cadillac-Motoren und verkaufte sie bis 1958 in seinem Ausstellungsraum. Lana Turner war eine seiner Kundinnen.

Und so machte er weiter, baute einen Packard hier, einen Panhard da. Eine seiner außergewöhnlichsten Kreationen war der Prototyp für ein neues DKW-Cabrio 1956, das als »Flintridge«-Darrin-DKW-Roadster bekannt wurde. Das Heck war durch eine ungleichmäßige Linienführung, die sich von einer Seite des Wagens zur anderen schlängelte, gestaltet. Es gab eine Reihe totgeborener Projekte wie das für den israelischen Kaiser-Händler Illian und einen Plan, den Mietwagen vom National Car Leasing eine spezielle Form zu geben. 1962 baute er Karosserien für den Rolls-Royce Silver Shadow und fragte sich, woher er selbst noch einen Kaiser Darrin mit Cadillac-Maschine bekommen könnte. Er hatte seinen eigenen Klassiker geschaffen.

Darrin wünschte sich sehnlichst einen seiner eigenen Wagen, den Kaiser Darrin, mit Cadillac-Maschine.

FRANK SPRING

Während des II. Weltkrieges war Hudson damit beschäftigt, Flugzeugzellen für Maschinen wie die B29 Superfortress zu bauen, und Frank Springs Entwurf von 1941 für den »step down« - Hudson Commodore nach dem Semi-Baukastenprinzip mußte bis 1948 auf seine Produktion warten. Am Ende wurden mehr als 142 000 Stück gebaut. Man nannte ihn so, weil die hintere Bodenplatte unterhalb des Chassis lag, und er Chassisausleger zu beiden Seiten der Hinterräder besaß, was die Karosserielinie zum Heck des Wagens hin viel weiter als üblich absinken ließ.

Spring war in Frankreich zum Ingenieur ausgebildet worden und hatte in den 20ern für die Murphy Body Company gearbeitet, bevor er 1931 als Designchef zu Hudson ging. Er war ein echter Enthusiast, der Bugattis vom Typ 30 und 35 besaß, seinen eigenen Hubschrauber flog oder eine BMW fuhr. Seine Bürowände im Gebäude des wenig attraktiven Hudson Tech Centers waren geschmückt mit Bildern von weiblichen Filmstars der 30er Jahre. Er selbst war das Gegenstück zu seinem Arbeitsplatz: ein Mann von aristokratischer Haltung, der Tweedanzüge trug und in der Lage war, Interesse für ungewöhnliche Projekte zu wecken, was in einer Firma mit eher beschränk-

Frank Springs Hudson Commodore kam 1948 heraus, aber die Entwürfe stammten von 1941.

ter Vorstellungskraft schwierig war. Mit Sicherheit hatte er den Respekt seines Teams, zu dem Art Kibiger, Arthur Michel, Bill Kirby, Arnold Yonkers und Robert Andrews gehörten.

Das Team entwarf sowohl das Äußere als auch das Innere, und es gab keine Aufteilung der Verantwortlichkeiten. Sämtliche Materialien waren verfügbar, was von einigem Vorteil war.

Zur Zeit des Commodore-Entwurfs benutzte Hudson Gips für die Modelle, obwohl die meisten Designer mit Ton arbeiteten. Der Nachteil von Gips war die große Schwierigkeit, Details zu verändern, wenn das Modell erst einmal fertig war. Meistens mußte es neu gebaut werden. Schon am Modell ergab sich ein Problem des Hudson: Springs Entwurf besaß einen hohen Frontgrill, der eine bessere Motorkühlung gebracht hätte, aber das Management wollte eine niedrige Öffnung.

Ein Gebiet jedoch, auf dem Spring innovativ wirken konnte, war die Farbvielfalt, indem er der erste war, der Metallic-Lackierungen verwendete.

Es wurde viel bei rivalisierenden Firmen spioniert, um zu sehen, wie deren neuen Modelle aussehen würden. Das Zielobjekt für Springs Entwurf war, soweit es das Management von Hudson betraf, der 42er Buick, und aus diesem Grund bekam der Hudson schließlich eine so schmale Heckscheibe: nur 28 Zentimeter hoch, genau wie beim Buick. Ansonsten war das Stylingteam bei Hudson ziemlich auf sich gestellt, und man reagierte mit einigem Abscheu, als das paranoide Management die Gipsmodelle des »Stopdown-Chassis« zerschlagen ließ, damit niemand ausspionieren konnte, wie sie aussahen.

GANZ OBEN Springs Designerteam war auch für die Innenausstattung verantwortlich wie hier beim Hudson Commodore Brougham von 1949. Beim Hornet von 1952 ist das niedrige Heck zu sehen, das durch Chassis-Ausleger möglich wurde.

RAYMOND LOEWY

Denkt man an Loewy, so denkt man an umstrittenes Design und den 47er Studebaker. Loewy war 15 Jahre bei Studebaker, von 1940 bis 1955, und das New Yorker Museum of Art bezeichnete seinen Entwurf für den 47er Studebaker als eines der zehn wichtigsten Designkonzepte in der Geschichte des Automobils. Loewy ließ auf die 47er Modelle Champion, Commander und Land Cruiser eine Reihe dringender Überarbeitungen folgen. 1953 kam dann seine zweite *tour de force:* das Studebaker Starliner Coupé, das allen in jeder Hinsicht voraus war. Allerdings waren die Zeiten nicht gut für Studebaker. Man wurde von Streiks heimgesucht und saß mit einer unmodernen Fabrikanlage fest. Als Harold Vance von James Nance am Ruder abgelöst wurde, fand Loewys Zusammenarbeit mit Studebaker ein Ende.

Direkt nach dem Krieg war Loewy Designberater für die Austin and Rootes Group gewesen. Die Firma hatte über 140 Kunden in den USA und 40 in Europa aus so unterschiedlichen Bereichen wie Verpackung und Landmaschinen vorzuweisen. Zu seinen Entwürfen für Einzelkunden gehörte der salatgrüne Lincoln Continental Derham von 1941 mit vergoldeten Stoßstangen. Diese kleine Extravaganz war tatsächlich billiger als ein fester Chromüberzug. 1955 erstellte er ein ziemlich außergewöhnliches Design für einen XK-140, der von Boano gebaut wurde. Im Bemühen um wirksame Aerodynamik war der von übermäßigen Verzierungen verdorben. 1957 bauten Pichon et Parat in Sens nach Loewys Entwürfen ein Coupé auf dem Chassis eines BMW 507, das rechteckige Scheinwerfer besaß, die in seltsamem Gegensatz zu seinen rundlichen Formen standen. Der 59er Cadillac konnte auch ohne Bearbeitung bestehen, aber Loewy überarbeitete Front und Heck so ausgiebig, bis er eher bizarr wirkte. Wo war zum Beispiel der Kühlergrill geblieben? Die Kühlung dürfte schwierig gewesen sein.

Raymond Loewy arbeitete mit Parat et Pichon 1960 an einem Lancia Coupé, das, wie der Jaguar, Konturen besaß, die einen optimalen Luftstrom über den Wagen fördern sollten. Sogar Form und Position der Hilfsscheinwerfer sollten helfen, die Bremsen zu kühlen, und Loewy war stets offen für Ideen, die im Motorsport ausprobiert wurden. Er hatte sogar eine Tragfläche auf dem Dach des Lancia montiert. Allerdings war keiner seiner Entwürfe jemals für den Motorsport gedacht, was sich im Reichtum und Luxus der Innenausstattung widerspiegelte.

Raymond Loewys Schmuckstück war der Studebaker Commander von 1948.

Variationen eines Themas: der '41er Lincoln Continental als Cabriolet und Limousine. Die Limousine mit einer Karosserie von Derham besitzt eine luxuriöse Inneneinrichtung.

ALEX TREMULIS

Der Cord 812 war Tremulis' erster Entwurf, den er mit gerade 22 fertigstellte. Für Briggs schuf er die Pontonform des Thunderbolt, aber Chrysler ließ den Wagen auf einem New-Yorker-Chassis bei LeBaron bauen.

Mit 19 Jahren wurde Alex Tremulis als Designer bei Duesenberg eingestellt und übernahm 1936 Buehrigs Stelle. Seine erste Aufgabe war das Design des Cord 812. Mit den glänzenden Auspuffrohren aus biegsamem Metall zwischen Haube und Kotflügeln überraschte der Kompressorwagen selbst E. L. Cord, der glaubte, die Rohre wären Attrappen. Auburn, Cord und Duesenberg waren im folgenden Jahr nicht mehr im Geschäft, und Tremulis ging zu Oldsmobile, dann zu Briggs, bevor er Detroit verließ, um in Beverly Hills Karosserien für die Stars zu bauen. Nach einer kurzen Zeit bei den kleinen Bantam-Wagen, kehrte er zu Briggs zurück und schuf den Chrysler Thunderbolt mit seinem Pontondesign, wahrscheinlich das erste Auto, bei dem man nicht versucht hatte, das vordere vom hinteren Ende zu unterscheiden: Die Seite des Wagens verlief von vorn bis hinten in sanftem Schwung. Der Thunderbolt hatte ein automatisches Hardtop und verdeckte Räder. Aus unverständlichen Gründen schrieb Chrysler der Firma LeBaron das Design zu, die den Wagen baute.

Als Krieg drohte, schickte Tremulis einige seiner Flugzeugentwürfe an das US Army Air Corps und wurde prompt zum Wright Field Air Base abkommandiert. Hier sah man ihn als Fachmann für Flugdesign, und eine seiner Ideen war der Dyna-Soar, ein vertikaler Senkrechtstarter, für manche der Vorläufer des Space Shuttle.

Nach dem Krieg arbeitete der liebenswerte und professorale Tremulis als Designer für Preston Tucker und machte aus dem altmodischen Wagen ein lebensfähigeres Konzept. Das fertige Ergebnis stammt vollständig von Tremulis, und einer seiner wichtigsten Beiträge zum Tucker war der Blick für innere Abmessungen und den Fahrgastkomfort. Das optimistische Projekt scheiterte 1948, und eine Zeit arbeitete er bei Kaiser-Frazer an deren 51er Modellen. Wie bei jedem Designer waren einige seiner Entwürfe rein theoretisch, und für Kaiser schuf er einen futuristischen Sportwagen auf dem Chassis des Henry J. Dieses Bild taucht in weitergeführter Form 1955 als Studie für den Ford Mexico wieder auf, ein Zweisitzer mit dem bemerkenswert niedrigen Luftwiderstand von 0,21 cw. Von 1952 bis 1963 führte er das Advanced Design Team bei Ford in Dearborn, wo er viele phantastische Autos und Flugzeuge zeichnete. Seitdem hat er eine Reihe von Rekordfahrzeugen entworfen, inklusive ein Motorrad, ein Wohnmobil und einen olympischen Bob! Alex Tremulis wird in dem Film »Tucker« gewürdigt und von einem jungen Schauspieler namens Eleas Koteas dargestellt.

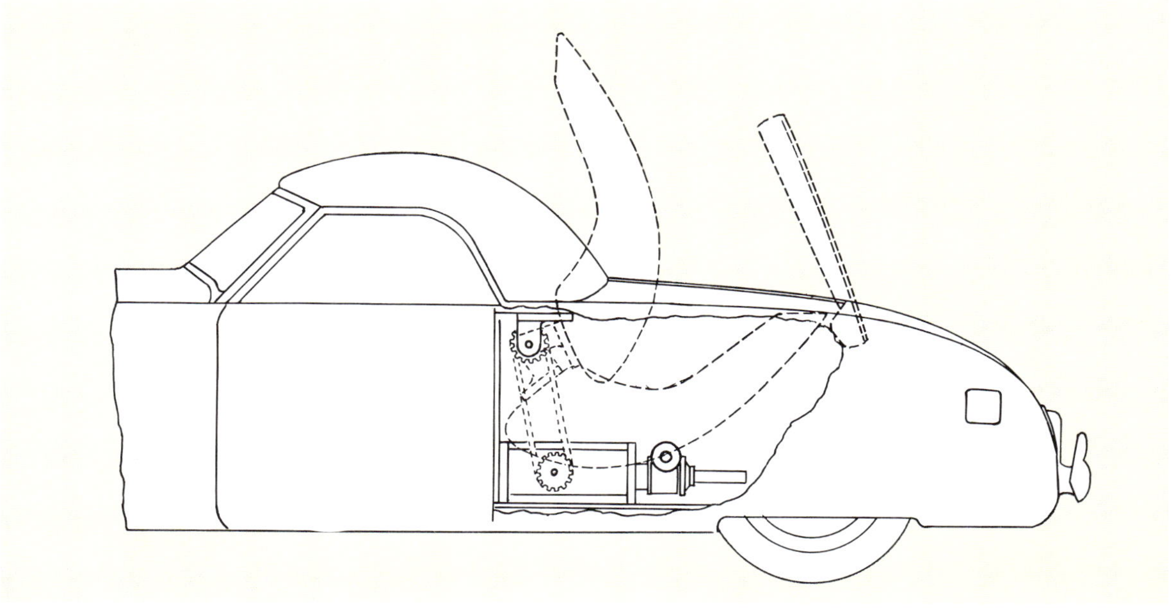

Das interessanteste Detail am Thunderbolt war das stählerne Cabriodach, das sich in den Kofferraum des Wagens hineinfaltete. Es wurden nur sechs Wagen gebaut, und Tremulis entwarf noch viele seltsame und phantastische Autos.

VIRGIL EXNER

Virgil Exners Karriere begann 1934, als man ihn zum Chefdesigner von GMs Pontiac-Abteilung machte. Er überwachte 1941 und 1947 die Projekte bei Studebaker und gründete 1949 die Chrysler Corporation Advanced Styling Group. 1957 wählte man ihn zum Vize der Abteilung, nachdem er das Design des 55er Chrysler Flite Sweep und des 57er Chrysler 300C betreut hatte. 1961 machte er mit Sohn Virgil seine eigene Firma auf. 1964 entstanden einige Zeichnungen für ein geplantes Duesenberg-Revival.

GANZ OBEN Exner von Chrysler, Mitchell von GM und Walker von Ford, aufgenommen 1960.
OBEN Heckansicht des Chrysler Flite Sweep I von 1955.
RECHTS Dreiviertel Heck- und Vorderansicht des Flite Sweep II.

VON LINKS IM UHRZEIGERSINN Der Chrysler 300C in Serienform sah irgendwie sauberer aus als das originalgroße Tonmodell. Die Details der Scheinwerfer waren ungewöhnlich.
Der Chrysler K310 von 1952, ein Produkt der Advanced Styling Group.

ELWOOD P. ENGEL

Als Chefdesigner bei Ford Lincoln in den 50er Jahren war Engel verantwortlich für den 59er Ford Thunderbird und den 62er Ford-Allegro-Prototyp. Bei Chrysler entwarf Engel den Gasturbinenwagen von 1963, den man damals für richtungweisend hielt. 50 Wagen wurden gebaut und zur Untersuchung des Kundenverhaltens verwendet. Bis auf 10 wurden alle verschrottet. Außerdem überwachte Engel das Design des Plymouth Barracuda Fastback von 1965.

Elwood P. Engel entwarf als Chefdesigner bei Ford den 59er Thunderbird und bei Chrysler den Turbinenwagen von 1963.

UNTEN UND GEGENÜBER Während Engel Anfang der 60er bei Chrysler war, überwachte er die Einführung des strebenlosen Imperial LeBaron. Der Ford Allegro von 1963 hat Ähnlichkeit mit dem Ford Mustang.

DAVID NORTH

David North war stellvertretender Chefdesigner bei General Motors, als er an dem neuen 6,9-Liter-Oldsmobile Toronado arbeitete, der 1966 auf den Markt kam. Dieser Wagen besaß viele technische und stilistische Neuerungen, den fragwürdigen Ruf eingeschlossen, der Welt größtes frontgetriebenes Auto zu sein. Wegen des neuen technischen Layout-Ansatzes gab es nur wenig Beschränkungen im Design. Abgesehen vom 67er Eldorado blieb der Toronado fast ein Jahrzehnt lang der einzige Frontantriebler, bis die Ölkrise und die Konzentration auf Schadstoffausstoß und Wirtschaftlichkeit eine allgemeine Verkleinerung der Autos mit sich brachte.

Oldsmobile erschloß mit David Norths 6960ccm-Toronado-Coupé von 1966 Neuland. Die technische Entwicklung stammte von John Beltz, der riesige Fronttriebler mit Automatik machte Oldsmobile zur führenden Abteilung bei GM.

HENRI CHAPRON

Eine Karosserie von Chapron am Delage D8 von 1930, dem Grand Tourer jener Zeit.

Henri Chapron, geboren 1886, verbrachte von 1919 an 60 Jahre an der Spitze der französischen Karosseriebauer. Seine Spezialität war es, im Krieg beschädigte Fahrzeuge wiederaufzubauen, von denen es reichlich gab, besonders Ford-T-Modelle, die von den US-Truppen in Paris zurückgelassen wurden. Er gab ihnen torpedoförmige Karosserien und gestaltete ihr Innenleben etwas komfortabler als üblich.

Nach der französischen Rezession 1921 kam eine neue Generation von Firmen wie Delage, Ballot, Chenard und Panhard, und Chapron machte sich einen Namen als Designer von einigen 2- und 3-Liter-Modellen.

Ein paar seiner besten Arbeiten sind wohl die sportlich-eleganten Delage D6 und D8. 1927 beschäftigte Chapron in seiner Fabrik in Levallois etwa 350 Arbeiter und hatte 1930 einen ziemlich großen Stand auf der Londoner Motor Show. Trotz des Konjunkturrückgangs 1931 lief es für ihn gut, denn er erhielt den

Chapron stellte seine Version des Delage D8 auf der Londoner Motor Show 1930 aus.

Auftrag, fast alle Karosserien für den Delahaye 135 zu bauen, was er bis 1954 tat, als die Marke verschwand.

Mitte der 50er Jahre schieden Delage, Talbot und Salmson aus dem Geschäft, und immer weniger von Chaprons Lieferfirmen stellten getrennte Chassis-Karosserie-Einheiten her. Dennoch blieb Chapron auch während dieser wechselhaften Zeiten nicht ohne Erfolg. Er war verantwortlich für den Talbot Lago Record, den viertürigen Salmson 2300, die Hotchkiss Cabriolets und den Gregoire.

Nach mehreren zaghaften Vorstößen in die Welt der Massenproduktion begann Chapron, die Citroën DS zu bearbeiten. Er verwandelte sie in Coupés und Cabriolets, und in gleicher Weise überarbeitete er den Citroën-Maserati SM. Seine letzten Lebensjahre verbrachte er als Berater für Sammler von erlesenen alten Autos.

In späteren Jahren verwandelte Chapron den Citroën DS in ein wunderschönes Cabrio.

FIGONI ET FALASCHI

Figoni et Cie. sind inzwischen Lanciahändler in Boulogne sur Seine, einem Vorort von Paris bei Longchamps und übernehmen Restaurationen von alten Autos. In den 30er Jahren allerdings waren Giuseppe Figoni und Ovidio Falaschi buchstäblich Couturiers von Autokarossen. Sie »umkleideten« ein Chassis mehrmals, bis sie die gewünschte Linie für Chassis und Aufbauten gefunden hatten. Ihre Philosophie besagte, daß die Karosserie den Charakter des Chassis ausdrücken sollte, und die waren meist sportlich, vielleicht wegen der Nähe zum Rennkurs in Longchamps. Zu ihren Modellen gehörten Delage, Bugatti, Ballot und Duesenberg, aber am meisten wurde die Firma mit dem Delage D8 in Verbindung gebracht. Einer von Figonis ersten Aufträgen war die Karosserie für einen der Werks-Alfa-Romeos 8C 2300, mit denen Sommer und Chinetti, und dann Sommer und Nuvolari 1932 und 1933 die 24-Stunden-Rennen von Le Mans gewannen. Figoni stellte zwar Cabrios für das gleiche Alfa-Chassis her, aber nach dem Erfolg in Le Mans betrachtete man die Firma als Frankreichs führende Designer und Hersteller von Rennkarosserien.

Es gibt eine Geschichte, nach der Ettore Bugatti Charles Weiffenbach von Delahaye vorschlug, einige seiner alten Chassis zu überarbeiten und für sie ein paar interessante Rennkarosserien zu bauen. Dies hätte den gewünschten Effekt im nationalen Rennsport gebracht, denn Bugatti steckte hier etwas in der Klemme. Das Ergebnis war aber, daß Delahaye für die neuen Karosserien zu Figoni ging.

Meist spezialisierten sie sich auf Cabriolets, Coupés oder nachgemachte Hardtop-Cabrios. Figoni et Falaschi waren stets besonders mit dem Design der Kotflügel beschäftigt, besonders der vorderen. Oft wählten sie eine Art Fahrradschutzblech, wobei diese Beschreibung den Proportionen nicht voll gerecht wird. Es waren ziemlich gewaltige Dinger, die das Rad zierten und seine Funktionen fördern sollten. Zeitweise waren diese wulstigen Tränenformen als »carénées« (»Stromlinien«) oder »les ailes Figonis« bekannt, und Figoni selbst nannte sie »enveloppantes«. Meist saß die Radnabe weit innen, was für die Bremsenkühlung oder den Reifenwechsel nicht eben förderlich war, außerdem ließ der Wulst nur ein Minimum an Lenkungseinschlag zu!

Giuseppe Figonis Designmethode bestand darin, eine 40x60-cm-Skizze auf einen Block Papier zu zeichnen und dann die Zeichnung mit schmalen Bandeisen auf das Chassis zu übertragen. Das dabei entstehende Gitterwerk oder »maquette« wurde von Holz abgestützt und mit Metallplatten nachgeformt. Als sich das Konzept der »enveloppantes« etabliert hatte, begann er, mit Tonmodellen zu arbeiten und fertigte daraufhin genaue Zeichnungen an. Wenn diese abgesegnet waren, erstellten seine Arbeiter »le grand plan« eine originalgroße Holzattrappe, um die herum man die Blechkarosse formte.

Der Delahaye 18 CV Superluxe wurde auf der Pariser Show 1933 vorgestellt. Es gab einen 132er-Tourer mit einem 3,2-Liter-Sechszylinder-Reihenmotor und ein etwas kürzeres 116er-Sportmodell, das man auf 113 PS gebracht hatte. Um die neuen Wagen populär zu machen, ließ Weiffenbach Figoni für einen der

UNTEN Der 37er Delahaye 135 in der Le-Mans-Version.

Figoni kehrte nach dem Krieg 1945 mit dem extravaganten Lancia Belna zurück.

Einer der allerletzten Delahayes, der 152 PS starke 235, der eine nach Figoni-Maßstäben nüchterne Coupéform besaß.

Delahayes eine Einsitzerkarosserie entwerfen und bauen und schickte den Wagen im Mai 1934 zum Langstreckenrennen nach Monthlery.

Anfangs wurde das Design von der Höhe des Kühlers gestört, aber mit der Einführung des Typ 135 im Jahr 1936 trafen Figoni und sein neuer Partner Falaschi den Nagel auf den Kopf. Alle vier Räder des zweifarbigen, zweisitzigen Cabriolets verschwanden unter Figonis »enveloppantes«-Kotflügeln, und er war die Sensation der Pariser Show von 1936. Ali Khan kaufte ihn vom Fleck weg für 150 000 Franc. Der gute Ruf von Delahaye und Figoni war wiederhergestellt.

Eine weitere Firma, die von Figonis Unterstützung profitierte, war der alte Sunbeam-Talbot-Darracq-Verbund, der ebenfalls zu Figoni kam, um wieder sein schwindendes Glück aufleben zu lassen. Tony Lago, einer der Direktoren bei Sunbeam in Wolverhampton, fuhr 1933 für Talbot nach Frankreich. Er besorgte Figoni-Karosserien für das Chassis des Darracq H78 einen neuen 3,8-Liter-Sechszylinder-Motor. Die Veränderung war bemerkenswert. Im folgenden Jahr ging Sunbeam an die Rootes Group. Lago bekam die Kontrolle über Talbot und machte die Firma neben Delahaye und Bugatti zu einem der größten französischen Rennställe der 30er.

F & F bauten auch Cabrios und Coupés für die Chassis der kleinen Lancia Belna und Ardennes und entwarfen und bauten 1938 eine kleine Reihe von zehn Cabriolets für Chrysler. Man plante sogar Kompressormotoren von American Graham in Delahayes mit Figoni-Karosserien einzubauen. Die Firma schuf Aufbauten für Delage und Hotchkiss und ließ einige Neuerungen patentieren; besonders erwähnenswert sind die versenkbare Windschutzscheibe, das verschwindende Dach und die gewölbten »enveloppantes«, die alle am Delahaye V12 auf der New Yorker Show 1939 zu bewundern waren.

Figoni et Falaschi tauchten 1945 mit extravaganten Designs für den Lancia Belna und den neuen 4,5-Liter-Delahaye 175 wieder auf. Der französische Sänger Charles Trenet wurde 1948 in New York in einem Delahaye mit »Narwalschnauze« gesehen. Im gleichen Jahr betrachtete man den Talbot mit seiner Pontonkarosse, die ein Paar großartig geschwungener Heckflügel hatte, als einen neuen Anfang für Figoni.

Die französische Steuer auf Luxuswagen, wie sie Figoni et Falaschi bauten, wurde spürbar, und sie versuchten, einen Markt für Simca-Cabrios aufzubauen. Sie kauften Chassis von Simca in 50er Stückzahlen und bauten drei in der Woche. Diese verkauften sich für Simcas Geschmack zu gut, denn sie hatten ihre eigenen Wagen mit Facel-Karosserien, und nachdem knapp 400 Arondes mit Figoni-Karosserien verkauft waren, ließ Simca das Unternehmen einstellen.

Dies bedeutete faktisch das Ende der Firma, und Falaschi kehrte in die Toscana zurück, um Hotelier zu werden. Figoni machte weiter, baute 1952 einen Wagen mit Haifischschnauze, der auf einem Citroën 15CV basierte und bearbeitete eine Reihe von Delages und Bentleys. Ein letzter Versuch mit Simca schlug fehl, und er konzentrierte sich auf den Verkauf und Service. Er starb 1978 im Alter von 84, nachdem er vor dem Krieg 700 und danach noch etwa 450 wunderschöne Autos geschaffen hatte.

SAOUTCHIK

Es war nicht ungewöhnlich für Jacques Saoutchik, Aufträge von gekrönten Häuptern zu bekommen. Einer kam per Telegramm vom König von Siam: BRAUCHE DREI AUTOS, EINS FÜR REISE, EINS FÜR OPER, EINS FÜR FRAU. TUN SIE IHR BESTES, SCHICKEN SIE RECHNUNG. In diesem Fall dauerte es nur fünf Monate, bis der Herrscher einen Mercedes-Benz fürs Reisen, einen Rolls-Royce für die Oper und einen Hispano-Suiza-Town Coupé für seine Frau bekam. Der Palastbuchhalter erhielt eine Rechnung über 60 000 $.

Nicht jeder hatte soviel Glück wie der König von Siam oder der König von Saudi-Arabien, der nicht weniger als acht Autos mit Karosserien von Saoutchik besaß: zwei Rolls, zwei Talbots, zwei Daimler und zwei Cadillacs. Aber Saoutchik war froh, wenn er Autos bauen konnte, die keine Kompromisse darstellten und dennoch bei verschiedenen Gelegenheiten passend waren. Er nahm für sich in Anspruch, 1928 das Cabrio-Konzept erfunden zu haben, das geschlossen eine Limousine war und mit einem ziemlich komplizierten Faltsystem der Dach- und Seitenwände zum offenen Sportwagen wurde.

1906 gründete er in einer Pariser Seitenstraße seine Firma. Vor dem II. Weltkrieg war es nicht unüblich, daß Kunden zwei Karosserien für jedes Chassis wollten, und Automobilisten konnten in Saoutchiks Werkstatt neue Aufbauten von der Stange kaufen. Damals kostete ein Chassis etwa viermal soviel wie eine Karosserie.

1929, als sich Pierce-Arrow mit Studebaker zusammenschloß, bat man Jacques Saoutchik, nach South Bend zu fahren und den neuen Studebaker zu entwerfen. Es waren gute Zeiten für die französischen Karosseriebauer, und Saoutchik verkaufte etwa 70 Wagen im Jahr für knapp 25 000 $ das Stück. Die Aufträge variierten. Manchmal wußte ein Kunde genau, welches Chassis er wollte und wie groß sein Budget war, und manchmal hatte Saoutchik freie Hand.

Saoutchik und sein Sohn Pierre, der das Geschäft um 1950 übernahm, wurden unter den oberen Zehntausend wegen ihres eleganten und höchst individuellen Designs und der erstklassigen baulichen Qualität bekannt. Jacques Saoutchiks Geduld ging so weit, daß er so viele Entwürfe machte, wie nötig waren, um die speziellen Wünsche seiner Kunden befriedigt zu sehen.

Seine Verwendung von Chrom Anfang der 50er Jahre war nicht reine Mode. Bei Autos wie ihren Talbots und Cadillacs wurde der Chrom selbst Teil des Designs. In dieser Hinsicht war Saoutchik seiner Zeit voraus. Er benutzte ihn nicht nur für die Stoßstangen, sondern in breiten, geschwungenen Streifen, um die Kotflügel hervorzuheben. Saoutchiks Kreationen waren ziemlich auffallend, und der '47er Delahaye Typ 175 für Laud Gaul ist sicher einer der beeindruckendsten Beispiele. Er folgte Figonis Beispiel mit den eingezogenen Radnaben. Einer seiner Entwürfe für Pegaso hatte eine gekrümmte Windschutzscheibe, die sich per Knopfdruck versenken ließ.

1953 baute er für einen der Söhne von König Saud einen Wagen auf einem Cadillac-Chassis. Der Auftrag lautete, es sollte ein Cabrio werden, das Platz für sieben bis acht Leute hatte. Saoutchik wußte, daß kein gewöhnliches Chassis reichen würde, also verwendete er das Fahrgestell eines Cadillac-Krankenwagens! Um sicherzugehen, daß die Proportionen dieses Monstrums richtig waren, senkte man die Motorhaube bis fast auf Höhe des Luftfilters, und die Kotflügel reich-

ten in gerader Linie von vorn nach hinten, wo sie ohne den Hauch einer Heckflosse sanft abfielen. Es gab ein elektrisches Dach und eine Trennscheibe zwischen Chauffeur und Passagieren. Der Wagen war so groß, daß man die Rückbank zu einem Bett machen konnte!

Die Polsterung der Wagen wurde ebenfalls luxuriös überarbeitet. Sitzkissen, Rücken- und Armlehnen waren aus dickem Leder, und die Türverkleidungen trugen oftmals Art-deco-Motive. Einen Hinweis auf Saoutchiks Umgang mit seinen Kunden gibt der Umstand, daß er mit jedem Wagen einen Vorrat an passender Farbe mitlieferte, dazu einige Meter Leder oder Polstermaterial, Ersatztürgriffe und Armaturenknöpfe. Dies alles zusätzlich zu seiner Garantie, daß die Karosserie so lange halten würde wie das Chassis. Als letzten Schliff konnte sich der Kunde Gepäck aussuchen, das zu den Polstern paßte.

Ein Hispano-Suiza V12 Town Coupé, wie es der König von Siam für seine Frau bestellt hatte.

BRASSEUR

Facel (Forges et Ateliers de Construction d'Eure et Loire) bauten anfangs, nach dem II. Weltkrieg, Dyna- und Aronde-Karosserien für Panhard beziehungsweise Simca und lieferten 1952 über 100 Karosserien pro Tag aus. Die Firma entwarf und baute außerdem Coupés für den Bentley Mk IV und den Ford Vedette Comete, von dem eine ganze Menge hergestellt wurden. Diesen Wagen hatte Facels Designer Jacques Brasseur entworfen, und man sah den Comete als bezahlbare Version von Facels eigenem, robusten Coupé, dem 4,5-Liter-FVA, das 1954 vorgestellt wurde. Der Facel Vega war wohl der letzte französische Grand Routier, deren Ideale er verkörperte: groß und prächtig, elegantes Design, ausgestattet mit einem Motor, der groß genug war, lange Strecken mühelos hinter sich zu bringen. Die Firma hielt sich fern von Autorennen, aber der Testfahrer Lance Macklin schaffte bei Geschwindigkeitstests mehr als 240 km/h.

Der Rahmen bestand aus kräftigen, rohrförmigen Seitenschienen, verstrebt mit diagonalen Röhren. Die Aufhängung besaß vorn Schraubenfedern und Trapez-Querlenkerradaufhängung, hinten halbelliptische Federn. Als Bremsen dienten absolut ungenügende 28-Zentimeter-Trommeln. Brasseurs Innenraum des Facel Vega war feudal, auch wenn die Nußbaumabdeckung imitiert war. Blickfang blieb die Mittelkonsole, auf der alles saß, was auf dem Armaturenbrett keinen Platz mehr hatte, von Licht- und Scheibenwischerknöpfen bis zur Uhr und dem Handschuhfach. Elektrische Fenster waren erhältlich, und nach 1962 bekam der Facel II standardmäßig Borrani-Speichenräder. Zu den Weiterentwicklungen des Facel Vega gehörte der viertürige Excellence von 1957, das massive Coupé HK 500 von 1959 mit einem 6,4-Liter-Chrysler-Motor und der kleinere Facellia II mit einer 1800-ccm-Volvo-Maschine. Leider ging Facel 1965 pleite. Sämtliche Autos der Produktion sind Sammlerobjekte.

Das massive Facel Vega HK 500 Coupé von 1958 wurde von einem 6,4-Liter-Chrysler-Motor betrieben.

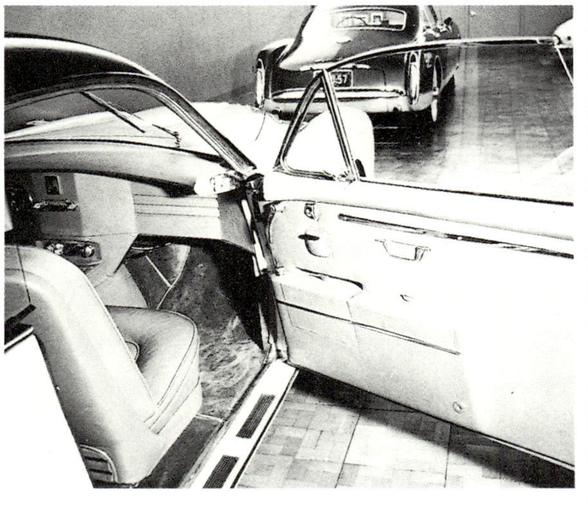

Jacques Brasseur entwarf 1954 das robuste 4,5-Liter-Coupé FVA. Die späteren HK 500 Facel Vegas waren die letzten aus der Reihe der Grand Routiers.

JEAN BUGATTI

OBEN Bugatti Fiacre Typ 44.
UNTEN Der Typ 55 war ein reinrassiger Sportwagen aus der nachklassischen Zeit.
GANZ UNTEN Der Sportwagen Typ 57 von 1935.

Jean Bugattis Vater Ettore baute sein erstes Auto 1901 in Mailand. Noch vor seinem 21. Geburtstag kam er mit Baron de Dietrich überein, als beratender Ingenieur einen De-Dietrich-Bugatti zu bauen. 1909 kam sein Pur-Sang-Rennwagen, und 1910 begann die Fabrik in Molsheim in einer stillgelegten Färberei. 1922, als der Rennsport nach dem I. Weltkrieg wieder neu begann, tauchten Bugattis Reihen-Achtzylinder mit seltsamen, zigarrenförmigen Karosserien bei den Grand Prix auf.

Im nächsten Jahr folgte ein Experiment mit stromlinienförmigen »Tank«-Karosserien. Aber der bekannteste von Ettores Entwürfen, der Bugatti Typ 35, hatte sein Debut 1924 in Lyon und siegte Mitte bis Ende der 20er Jahre auf ganzer Linie. Neben dem Alfa Romeo P2 war er der erfolgreichste Rennwagen des Jahrzehnts. Das Styling des Typ 35 war einfach und zierlich; als Markenzeichen diente der umgekehrte Hufeisen-Kühler, und das Heck war elegant zugespitzt. Die freistehenden Lenkarme und Federn waren klein und leicht, und der Fahrer saß tief hinter einer schrägen Haube.

Von 1929 an lag die Marke Bugatti in Händen von Jean (oder Gianoberto), dem älteren Sohn des Patrons Ettore. Jean war in Mailand und Paris zum Ingenieur ausgebildet worden. Es war seine Idee, doppelte, oben liegende Nockenwellen für die Motoren des Typ 51 zu benutzen, basierend auf der Praxis der Miller-Wagen. Er war außerdem ein erstklassiger Designer, federführend beim Fiacre Typ 4 von 1928 für seine Schwester Lidia. Er schuf auch einige stromlinienförmige Entwürfe und hatte den Haupteinfluß auf die Typen 50, 55, 57, 57S und 64.

Ein stilistischer Fortschritt zum Atalante Coupé ist offensichtlich, vom stromlinienförmigen Typ 50 über den 57S zum 64. Der Typ 55 verkörpert vielleicht mehr als jedes andere Auto den reinrassigen Sportwagen schlechthin. Und der Familienstammbaum ist nicht zu übersehen.

Von Jean stammt auch der wunderbare Royale Roadster, und in den 30er Jahren war er verantwortlich für den Bugatti-Rennstall. In dieser Periode gehören die »panzerförmigen« 59er-Typen, die 1936 und 1939 in Le Mans siegten. Obwohl sein Vater ihm ausdrücklich verboten hatte, an Rennen teilzunehmen, feierte Jean einige Erfolge bei Bergrennen. Traurigerweise fand er sein frühes Ende im August 1939 beim Test eines Rennwagens vom Typ 59. Seine Freunde hatten zwar ein Stück Straße für den Test abgesperrt, aber nicht mit einem betrunkenen, radfahrenden Bauern gerechnet. Jean Bugatti prallte gegen einen Baum und war sofort tot. Ein außergewöhnliches Talent war ausgelöscht.

Ettore hatte sich 1936 nach Paris zurückgezogen und entwarf Triebwagen und Dampfmaschinen. Die größten Fahrzeuge, die in den Bugatti-Werken hergestellt wurden, waren Triebwagen für die französische Eisenbahn, angetrieben von zwei oder vier Royale-Motoren. Sie hatten einen guten Ruf hinsichtlich ihrer Geschwindigkeit und ihres Komforts, und sie hielten mehrere Geschwindigkeitsrekorde.

Als der II. Weltkrieg kam, wurde die Fabrik in Molsheim von Deutschen besetzt, und Ettore arbeitete in Paris weiter. Seine italienische Nationalität war jedoch ein Nachteil, als er die Fabrik später wieder übernehmen wollte, und obwohl er 1947 einen langwierigen Rechtsstreit gewann, hatten ihn sein Mut und seine Gesundheit verlassen, und er starb noch im selben Jahr im Alter von 66 Jahren.

Die eleganteste von Jean Bugattis Kreationen war das Atalante Coupé Typ 57SC aus dem Jahr 1937. Dem Cabriolet fehlten die eingepaßten Scheinwerfer.

GIOVANNI FARINA

Giovanni Farina studierte die Kunst der »Carrozzeria« beim Karrossier Marcello Alessio und machte sich 1906 mit dem Stabilimenti Farina in Turin selbständig.

Bald hatte er eine Liste wohlhabender Kunden und lieferte Karosserien für Marken wie De Dion, Itala, Sepollet, Peugeot, Diatto und Lancia, für die er später viele seiner besten Arbeiten schuf.

Sein jüngerer Bruder Pinin kam hinzu, als er mit der Schule fertig war, und während des I. Weltkrieges stellten die Farinas Militärfahrzeuge her. Anfang der 20er Jahre produzierten sie Platten aus handgetriebenem Aluminium, und ein Jahrzehnt später wurden ein paar hübsche, aber insgesamt eher konservative Karosserien für den 34er Lancia Dilambda, das 36er Lancia Astura Cabriolet Aerodinamico und das Cabriolet Royale des Fiat 1100 von 1937 gebaut. Das viersitzige 39er Lancia Astura Cabriolet oder das 40er Fiat 2800 Cabrio waren die vielleicht gelungensten unter Farinas Kreationen.

Nach dem II. Weltkrieg hatte Giovannis Sohn Nino einigen Erfolg im Grand-Prix-Sport und wurde 1950 Weltmeister am Steuer eines Alfa Romeo 159. Das Stylinggeschäft ging weiter mit dem bemerkenswerten Lancia Astura Cabrio, dessen fließende Linien durch Radabdeckungen vorn und hinten noch erhöht wurden. 1948 baute er ein Coupé für den Fiat 1100, das an den Cisitalia 202 seines Bruders Pinin erinnerte, und 1949 und 1950 folgten zwei Ferrari-Cabrios, aber der Stabilimenti Farina fehlten stets die Originalität und das Flair des jüngeren Bruders, und 1952 war Giovanni nicht mehr im Geschäft.

Giovanni Farina entwarf einige bemerkenswerte Autos, bevor er 1952 aus dem Geschäft ausstieg. Hier das Lancia Astura Cabriolet von 1947.

GIOVANNI MICHELOTTI

Michelotti verbrachte seine Lehrzeit unter Giovanni Farina in der Stabilimenti-Fabrik, der er 1937 sechzehnjährig beitrat. Innerhalb von zwei Jahren zeichnete er den Lancia Astura. Er wußte schon viel über die Autoindustrie, denn sein Vater hatte 40 Jahre im Motorenwerk von Itala zugebracht und konnte sich rühmen, die Kurbelwelle für den Itala hergestellt zu haben, der das Paris-Peking-Rennen 1907 gewonnen hatte.

Nachdem Michelotti während des Krieges bei den Alpentruppen gedient hatte, eröffnete er 1949 sein eigenes Geschäft, arbeitete u. a. frei für Vignale, Bertone und Ghia und war außerdem Berater mehrerer Hersteller. Wichtig war dabei OSI, für die er einen Fiat Spider entwarf, und Triumph, die seine Herald, Vitesse und TR4 produzierten. Für BMW schuf er die 1500-1800-Reifen und den Contessa für Hino. Weiter lieferte er das Design für den Alpine A106 von 1955, den Vorläufer des wundervollen Alpine-Renault 110. Eine seiner stilistischen Eigenarten war die »Pagoda«-Dachlinie, bei der die Seiten höher lagen als die Mitte. Dies war erstmals beim 60er OSCA zu sehen und wurde später von Mercedes für das 230 SL Coupé übernommen. Eine weitere Idee war der aerodyna-

Von Michelotti stammen mehrere Familienwagen für Triumph (hier der Herald) und ebenso Sportwagen wie der Renault-Alpine-Rennwagen.

SS1

mische Spoiler vor der Windschutzscheibe bei mehreren Rennwagen der frühen 50er. Er war von Warnlichtern fasziniert und wohl der erste, der Blinker an den Seiten seiner Entwürfe anbrachte. Es gab sogar die Idee, für übereinanderliegende Bremsleuchten auf dem Dach, und sein Bemühen um größere Sicherheit im Design führte zu gepolsterten Armaturenbrettern und versenkten Knöpfen und Schaltern im Innenraum. Er nahm die Stromlinienform ernst und konsultierte Professor Wunnibald Kamm aus München, auch wenn die vieldiskutierten Konzepte des Steilhecks und der versenkten Scheinwerfer nie in Michelottis Design auftauchten.

1959 stellte Triumph den eckigen Herald vor, ein damals eher ungewöhnliches Konzept mit einem unvergleichlich kleinen Wendekreis. Ihm folgte der Triumph 2000 und der beste Nachkriegssportwagen von Triumph, der wohlproportionierte TR4; 1961 erstellte Michelotti sein Meisterstück: die Entwürfe für den bei Ghia produzierten Maserati 5000, den Nachfolger des erfolgreichen »Schah von Persien«-Modells. Die schönsten waren die Wagen für den amerikanischen Rennfahrer Briggs Cunningham.

Die Michelotti-Werkstätten sind heute in Beinasco am Rande von Turin. Der letzte Wagen, der vor Michelottis Tod 1980 aus den Studios kam, war der Reliant Scimitar SS1. Seitdem stammt das Styling von Tateo Uchida, während Edgardo Michelotti den Platz seines Vaters an der Spitze der Firma übernommen hat.

Der neueste Entwurf ist der Pura mit einem Kuppeldach, ein unförmiger 1,8-Liter-Alfa-Turbo, gebaut von Giorgio Stirano bei Albatech.

BMWs Reihe bieder wirkender Limousinen aus den 60er Jahren stammt von Michelotti. Eine seiner letzten Schöpfungen war der Reliant Scimitar SS, ein umstrittenes Design, das später von Bill Towns überarbeitet wurde.

ERCOLE CASTAGNA

Die Familie Castagna hatte schon viele Jahre Kutschen gebaut, bevor sie mit Autokarosserien begann. Diesen Schritt unternahm der 1885 geborene Ercole Castagna. Er verbrachte seine Lehrzeit 1897 bis 1901 an der »Mentana Schule für Automechanik und Design«. Die Firma war so angesehen, daß sie 1906 den Fiat Sparviero für Königin Margherita von Savoyen baute. Nach dem Tod seines Vaters im Krieg übernahm Ercole die Carrozzeria Castagna und unterstützte Italien mit Krankenwagen und Booten. Sein jüngerer Bruder Emilio trat nach Ende des Krieges in die Firma ein, nachdem er die Kunstschule in Brera besucht hatte, und bis 1934 war er für die meisten Entwürfe der Firma verantwortlich. Zu seinen Arbeiten gehörten der Alfa Romeo RLSS von 1926 und die Isotta Fraschinis, die 1928 und 1929 der Hit der New Yorker Shows waren. Der beste war der Commodore Roadster. Seine Seitenscheiben ließen sich in den Türen versenken. Er war in zwei Grüntönen gehalten, mit silberbeschlagenen Griffen und Schlangenlederpolstern. Zehn Bestellungen gingen ein, wahrscheinlich Castagnas erster Mehrfachverkauf einer Karosserie. Ein weiterer Entwurf aus dem gleichen Jahr galt dem Chassis des Mercedes SS, und eine der fünf Bestellungen ging an Al Jolson.

Der Wall Street Crash bedeutete das Ende für die Luxuswagen in den USA. Castagnas Vertreter in New York war in wenigen Stunden ruiniert. Etwa zur gleichen Zeit setzte sich Emilio zur Ruhe, und Ercoles drei Söhne traten in das Geschäft ein. Aufträge waren rar gesät: Isotta ging bankrott, Alfa Romeo wandte sich Carrozzeria Touring in Mailand zu, aber es gab ein paar Lancias zu entwerfen. Aufbauten von Castagna waren bis zu 15 Prozent schwerer als andere und ihre Entwürfe zu elegant oder kunstvoll für die zweite Hälfte der 30er Jahre, was bedeutete, daß die Kunden eher älter und konservativ waren.

Obwohl Castagna das Patent für das Labourdette-Vutotal-Sicherheitsglas besaß, das aufsehenerregende, strebenlose Entwürfe ermöglichte, sah die Lage für die Firma eher trübe aus, und sie wandten sich mehr und mehr militärischen Aufträgen zu. Die Fabrik in Venegono wurde 1942 von einer Bombe vollkommen zerstört. Dennoch schaffte es die Firma, nach dem Krieg eine Reihe ziemlich konfuser Fiat-Designs zu bauen, darunter 1949 einen Fiat Vistotal und einen Cisitalia 202 mit Cadillac-Schwanzflossen. Es war fast so, als bemühten sie sich allzusehr. Die Firma gehörte 1953 dem Konkursverwalter, aber Ercole Castagna arbeitete weiter bis zu seinem Tod 1968.

OBEN Castagna entwarf den Isotta Fraschini Tipo 8A von 1933, der angeblich Rudolph Valentino gehört haben soll. **UNTEN** Der Alfa Romeo RL Supersport von 1925, einer der ersten Entwürfe von Emilio Castagna.

Eins der harmonischsten Designs für das Alfa Romeo 1900 Coupé kam 1953 von Castagna.

MARIO BOANO

Der 1903 in Italien geborene Felice Mario Boano war leidenschaftlicher Kunststudent und Bronzegießer. Nach seinem Examen ging er als Assistent zu Giovanni Farinas Stabilimenti Farina. Schon bald war er der Lehrer an der Turiner Schule für Karosseriebau und wurde Farinas Chefingenieur. Bis 1934 blieb er bei den Brüdern Farina, dann verließ er Pininfarinas Splitterfirma, um seine eigene aufzumachen. Bei der Arbeit am Design waren Holzrahmen seine Spezialität. Boano bekam schon bald Aufträge als Subunternehmer von Pininfarina, Ghia, Castagna und Bertone.

Als Giacinto Ghia 1943 starb, bat ihn die Familie, die Firma zu übernehmen. Hier entwarf er Klassiker wie den Lancia Aurelia B20 und den Alfa Romeo Giulietta Sprint. Ghia fehlten die Kapazitäten, diese Wagen zu bauen, und sie gingen an Pininfarina bzw. Bertone. Boanos Absprachen mit Ghia hielten bis 1952, als er von dem kommerziell orientierten Luigi Segre mehr oder weniger verdrängt wurde und sein eigenes Geschäft wieder aufnahm.

Zu seinen Kreationen Mitte der 50er Jahre gehörten der Corsair mit Chrysler-Motor auf einem Nardi-Röhrenchassis, der auf der Pariser Show 1956 gezeigt wurde, ein Alfa Romeo Berlinetta mit riesiger, gebogener und geteilter Heckscheibe, den man für den Präsidenten Peron von Argentinien gebaut hatte, und der Indianapolis auf einem bearbeiteten Lincoln-Chassis. Boano arbeitete außerdem noch für Simca und Chrysler, und zusammen mit seinem Sohn Paolo gründete er ein Fiat-Styling Zentrum sowie eine Schule für Design.

Boanos beste Arbeiten entstanden Mitte der 50er Jahre. Hier der Alfa Romeo 1900 Primavaera von 1956.

Mario Boanos Entwürfe für den Alfa Romeo 1900 Super Sprint von 1955 und 1956, von denen der letztere Schwanzflossen, aber keine große, gewölbte Heckscheibe mehr hatte.

LINKS Der Alfa Romeo 1900 SuperGran Luce von 1955.

ALFREDO VIGNALE

Luigi Villoresi überschlug sich einmal mit einem Vignale-Ferrari bei 160 km/h, und der Wagen trug nur ein paar kleinere Beulen davon. Vielleicht hatte Villoresi Glück, daß er mit Prellungen davonkam, aber sein Erlebnis half, Vignales Ruf zu festigen, der auf der Stärke und Festigkeit seiner Stahl- und Aluminiumkarosserien beruhte. Seine Selbstsicherheit war so groß, daß er beim Entwurf Tonmodelle verschmähte und es vorzog, seine Metallplatten per Hand auf dem Amboß auszuhämmern.

Gemeinsam mit seinen Brüdern Giovanni und Giuseppe gründete Alfredo 1945 in Turin einen Metallverarbeitungsbetrieb, und ihr Fiat Topolino weckte bei Lancia so großes Interesse, daß sie eine Karosserie für den Aprilia bestellten.

Beinah über Nacht zählte Vignale zu den führenden italienischen Karossiers, und es kamen Bestellungen von Alfa Romeo, für die sie den 230-PS-Carrozzeria Sport Speciale entwarfen, und von Maserati für den 51er GAG. Es folgten die Ferrari-Coupés 212 und 340 American und der zurückhaltende Lancia Aprilia Berlina. Es gab ein Fiat 1500 Coupé mit abgedeckten Radkästen vorn und hinten und ein Fiat 1100 Cabriolet mit alfaeskem Kühlergrill und verdeckten Hinterrädern. Um 1954 stellte Vignale etwa 1000 Autos im Jahr her, unter anderem einen Rolls-Royce und einen Fiat 8V, viele unter eigenem Namen auf Fiat 600D- und 1300-Chassis. Vignales beste Arbeit war wohl der fabelhafte Maserati 3500 Spider aus den frühen 60er Jahren, von dem 242 Stück gebaut wurden.

1969 wurde Vignales Fabrik in Grugliasco von der Carrozzeria Ghia übernommen, und drei Tage später starb Alfredo bei einem Autounfall mit seinem Maserati. Die Firma baute bis 1975 Autos für Ghia, unter anderem den DeTomaso Pantera.

Zu Alfredo Vignales besten Arbeiten gehört der Maserati 3500 von 1960.

GANZ OBEN Ein konservatives Cabrio aus den 60er Jahren: der Lancia Flavia Vignale.
OBEN Der von Vignale entworfene Jensen Interceptor von 1966 wird nach zwölfjähriger Pause in limitierter Stückzahl hergestellt.
LINKS Der 3500 von 1962 war einer der zahlreichen Maseratis.

CARROZZERIA TOURING

Felice Bianchi Anderloni gründete die Carrozzeria Touring 1926 in Mailand. Bis dahin hatte er ein besonders enges Verhältnis zu den Gründern von Isotta Fraschini, da sie allesamt verschwägert waren. Familienpflichten hinderten ihn solange daran, seiner Leidenschaft für den Rennsport nachzugehen, bis der Clan die Kontrolle über Isotta verlor. Im reifen Alter von 40 Jahren begann Anderloni, mit dem Testfahrer Bindo Maserati Rennen zu fahren. Danach übernahm er die Carrozzeria Falco in Mailand, änderte den Namen in Carrozzeria Touring und baute seine eigenen Karosserien, wobei der englische Name »Touring« zeigt, welches Ansehen bestimmte englische Produkte in Italien genossen. Anderloni begann, seine Dienste in der italienischen Fachpresse anzupreisen. Seine erste Karosserie war natürlich ein Isotta Fraschini, der Tipo 8B Flying Star von 1927.

Als Rennfahrer wußte Anderloni, wie wichtig eine leichte Konstruktion war. Er baute seine Wagen nach dem Weymann-System, für das er das lokale Patent besaß. 1927 begann er eine lange Zusammenarbeit mit Alfa Romeo und stellte Karosserien für den Gran Sport mit Kompressor, den Super Sport 6C 1500 und den 6C 1700 her. Diese Wagen standen in direkter Konkurrenz zu den Spidern von Zagato und entpuppten sich in den Rennen wegen des größeren Komforts und ihrer Haltbarkeit meist als erfolgreicher, obwohl die Wagen von Zagato zweifellos leichter waren. Das wohl härteste Autorennen war die Mille Miglia, bei der 1930 Alfas mit Touring-Karosserien siegten (Nuvolari, 6C 1750 GS), 1932 (Borzacchini, 8C 2300), 1937 (Pintacuda, 8C 2900) und 1938 (Biondetti, 8C 308).

Während der 30er Jahre entwickelte Anderloni sein »superleggera«-Konstruktionssystem mit einem Chassis aus dünnen Stahlrohren, das Aluminiumbleche stützte. Die Karosserieplatten wurden von kleinen Klammern gehalten, die an den Rohren befestigt waren. Auf diese Weise war die Karosserie vollkommen unbelastet. Der Name »superleggera« (superleicht) stand 1937 neben dem Firmennamen. Wenn er sich auch meist seiner Rennbegeisterung hingab, so ignorierte Anderloni doch keineswegs die Straßenwagen. Es folgte eine Serie von geschmackvollen und vorneh-

Die lange Haube verbirgt den Reihen-Achtzylinder des Alfa Romeo 2900B 8C von 1938.

men Limousinen, die sich der Namen lateinischer Sataniker wie Coppa del Diavolo, Freccia di Belzebu oder Soffio di Satana erfreuten. Sie standen allesamt auf Alfa-Romeo-Chassis wie die meisten Arbeiten von Touring in den 30ern.

Anderloni kam nicht aus der alten Schule, der Giovanni Farina, Carlo Castagna oder Ugo Zagato angehörten, die ihr Geschäft in Werkstätten gelernt hatten. Als intellektueller Stadtmensch war er sich der Unbeständigkeit der Mode bewußt, und darum schafften es seine Nachkriegsentwürfe auch, sich Würde und Stilsicherheit zu bewahren. Touring verbrachte die Kriegsjahre als »Turinga«, eine Konzession an den Faschismus, und baute Lastwagenkabinen. Man experimentierte mit leichten Metallegierungen, Plexiglas und Flugzeugsitzen, was später alles

GANZ OBEN Tourenwagen mit Stil: der 38er Alfa Romeo 2900B 8C.
OBEN UND LINKS Zwei der schönsten Alfas waren der 6C 2500 Sport von 1939 und der 6C 2500 Villa d'Este von 1950.

Die Variationen des Alfa Romeo 1900 Sprint waren wahrscheinlich Tourings beste Arbeiten nach dem Krieg. Hier die Version aus der Zeit von 1951 bis 1953 und unten rechts der 1900 SS von 1955.

RECHTS Der Alfa Romeo Tipo 2500 6C Villa d'Este Coupé von 1950.

nützlich wurde. Der letzte Vorkriegswagen war der Alfa Romeo 6C 2500 SS Roadster, der als Barchetta oder »kleines Boot« bekannt war. Alfa und Ferrari hatten beide solche Karosserien bei der Mille Miglia 1940 eingesetzt und zu diesem Anlaß extra Berlinettas für BMW (Typ 328) und Alfa gebaut. Man stellte Prototypen für Aston Martin, Bristol und Hudson her; der letztere, der Italia, war in seiner Stilistik ausgesprochen amerikanisch. Weitere Arbeiten auf Alfa-Chassis folgten mit dem Villa d'Este Super Sport Coupé und der Berlinetta, und als die Alfa-Fabrik wieder aufgemacht wurde, bekam Touring den Auftrag, mehrere tausend der wunderschönen 1900 Sprints und Super Sprints zu bauen. 1948 bestellte ein Konsortium von Lancia-Händlern eine Serie eleganter Aprilia Berlinettas mit Plexiglas-Öffnung im Dach. Ferrari war ein guter Nachkriegskunde mit dem Tipo 166, dem 212 Barchetta und dem 24 Ore Coupé, allesamt von Touring. Jedoch konnte Anderloni die Früchte dieser Bemühungen nicht mehr genießen, denn er starb 1948.

Sein Sohn Carlo Felice, der sein langjähriger Assistent gewesen war, übernahm das Geschäft. Die wohl extravagantesten Kreationen von Touring waren die 2- und 3-Liter Alfa Romeo Disco Volantes von 1952, die aussahen, als wären sie aus zwei gegeneinandergelegten Untertassen zusammengesetzt. Diese fabelhaften Autos mit großartig geformten Radkästen und einer herrlichen Dachlinie bei der Coupé-Version, hat-

LINKS Unterschiede in der Frontpartie beim Touring 1900 SS von 1954–58. Später hatte er eine größere Heckscheibe und Stoßstangenhörner.
UNTEN Der orig. Disco Volante sah großartig aus, fuhr aber (weil er leicht abhob) niemals Rennen.

ten eine scharf geschnittene »Taille«. Leider machten sie ihrem Spitznamen »Fliegende Untertasse« alle Ehre, und Tests in Monza zeigten, daß man mit ihnen keine Rennen fahren konnte. Allerdings war Malcolm Sayers 54er Jaguar D-Typ, der ziemlich ähnlich aussah, sehr erfolgreich. Die Disco Volantes, die 1953 und 1954 dennoch Rennen fuhren, hatten ein anderes Chassis und bedrohlich wirkende, aber schlechter gebaute Rennkarosserien von Colli.

Zu weiteren, weniger exotischen Aufträgen von Alfa gehörten die 2000 und 2600 Spider und der Giulia GTC Cabrio-Umbau des Bertone-Coupés. Touring entwarf außerdem den Pegaso Typ Z102 und die Maserati-3500-GT-Serie, von dem 1 978 Stück gefertigt wurden, dazu vier 5000 GTs aus dem gleichen Jahr. Die Liste läßt sich fortführen mit dem Lancia Flaminia, dem Aston Martin DB4, einem Lagonda Rapide und einem Lamborghini GTV von 1963. Das Verderben der Firma war jedoch der allzu ehrgeizige Umzug in größere Fabrikanlagen in Mailand und ein Vertrag mit Rootes, den Hillman Super Minx und das Sunbeam Alpine Venezia Coupé zu bauen. Das Projekt war ein totaler Fehlschlag, und 1964 war Superleggera Touring nicht mehr im Geschäft.

Einer von Tourings Prototypen war das Aston Martin DB5 Coupé von 1966.

Das Styling für den Aston Martin DB4 stammte von Carrozzeria Touring aus Mailand. Touring entwarf außerdem die 4- und 6zylindrigen 2000er und 2600er Spider für Alfa Romeo.

GHIA

Die Carrozzeria Ghia wurde 1915 von dem Handwerker Giacinto Ghia aus Piemont gegründet, und seine Spezialität zwischen den Kriegen bestand darin, Karosserien wie die geflügelte Version des 5-Liter-Lancia Kappa zu bauen, mit der seine gutbetuchten Kunden bei „Concours d'Elegance" wetteifern konnten. Weitere erwähnenswerte Entwürfe waren der Fiat 501S mit Spitzheck und der Sieger der Mille Miglia von 1929, der Alfa Romeo 6C 1500. Es gab u. a. eine Coupé-Spider-Karosserie für den 2-Liter-Itala Tipo 65 und den Coppa d'Oro Fiat 508S Balilla. Die Turiner Fabrik erlitt im II. Weltkrieg schwere Bombenschäden, und Giacinto starb 1946, bevor das Geschäft wieder richtig lief.

Die Familie Ghia überredete den ehemaligen Farina-Designer Felice Mario Boano, das Heft in die Hand zu nehmen, mit dem ehrgeizigen Luigi Segre als Geschäftsführer. Berühmte Marken wie Delahaye und Talbot bestellten Karosserien, dazu kamen Alfas, Lancias und Fiats mit modischen gerundeten Verkleidungen über den Vorderrädern. Boano und Segre hatten unterschiedliche Ansichten über ihre Arbeit: Boano sah ein Auto als Kunstwerk, während Segres Blick auf den Exportmarkt gerichtet war; er behielt die Oberhand. Boano ging 1950, und Segre leitete Ghias Produktion bis zu seinem vorzeitigen Tod bei einer routinemäßigen Blinddarmoperation 1963.

Es gab einige Prototypen für Chrysler, darunter die Crown Imperials und die Gasturbinenwagen. Man arbeitete für Ford am Turnpike Cruiser, für Rolls-Royce, für Alfa Romeo, am Predictor für Packard und natürlich am berühmten VW Karmann Ghia. Außerdem gab es einen Porsche Spider, einen großartigen Maserati 5000 GT für Signore Innocenti, und für Renault entstanden die Floride, dazu R4- und R16-Prototypen. 1955 baute man zwei »Traumwagen«, den von Giovanni Savonuzzi entworfenen, aerodynamischen Gilda, den Star des Turiner Autosalons, und den Lincoln Futura, das Werk des Edsel-Designers Roy Brown, der die Basis für George Baris' „Batmobil" werden sollte. Segre beschäftigte eine Reihe von freien Designern und stellte bis 1961 Tom Tjaara (den Sohn von John) und Filipo Sapino als Hausdesigner ein. Nach Segre baute Ghia unter Leitung von Gino Rovere ein paar Coupés auf dem Chassis des Fiat 1500. Er starb unerwartet 1964 und

VON GANZ OBEN Alfa Romeo 1900 Coupé von 1953. Alfa Romeo 2000 Super Sprint von 1954. Alfa Romeo 1900 Super Sprint von 1955. **OBEN LINKS** Alfa Romeo 1900 Berlina Super von 1955. **OBEN RECHTS** Alfa Romeo 1900 Super Sprint von 1955. **RECHTS** Volkswagen Karmann Ghia Cabrio von 1968. **ANDERE SEITE** Ford RS200 von 1987. Ford Granada Altair von 1981. Ford Granada Ghia Coupé von 1976.

wurde durch Giacomo Gaspardo Moro ersetzt. Hier trat Alejandro De Tomaso auf den Plan und beauftragte Ghia mit dem Bau von Karosserien für sein von Fissore entworfenes Vallelunga Coupé mit Ford Cortina Motor.

De Tomaso hatte eine gefährliche Karriere als Politiker und Journalist in Argentinien hinter sich und immer Kontakt zum Motorsport gehabt. Als er zu Ghia kam, hatte er schon mehrere, nicht allzu erfolgreiche Einsitzer hinter sich. Inzwischen wohnte er in Modena, wo seine Rennwagen gebaut wurden, entwickelte bald enge Verbindungen zu Ghia und kaufte die Firma 1967, als ihr in der Karibik ansässiger Besitzer eine stattliche Geldsumme benötigte: 650 000 $. Sofort verkaufte er die meisten Anteile an seinen Schwager und blieb weiterhin Geschäftsführer.

Auf dem Turiner Salon 1966 wurden vier neue Entwürfe gezeigt, Arbeiten des aufgehenden Sterns Giorgetto Giugiaro, den Moro von Bertone abgeworben hatte. Es waren die De Tomaso Mangusta und Pampero, der Fiat Vanessa und der beste von allen, der Maserati Ghibli. Leider lag in den Studios unter De Tomaso manches im Argen, und einige Mitarbeiter kündigten 1967, darunter Moro, Sapino (zeitweise) und Giugiaro, die allesamt den Mangel an Selbständigkeit bei Ghia beklagten.

Tom Tjaarda wurde zurückgeholt, und er entwarf den »Ford-Ferrari« De Tomaso Pantera, von dem die meisten bei Vignale gebaut wurden, die Ghia 1969 übernommen hatte. Sie konnten in den USA über Fords Lincoln-Mercury-Händler vertrieben werden, ein Arrangement, das getroffen wurde, als De Tomaso den Großteil seiner Firma an Ford USA verkaufte. Es könnte der De Tomaso Deauville, ein XJ6-Pendant, gewesen sein, der es den Herren Ford und Iacocca angetan hatte. 1971 gab der diktatorische De Tomaso seine letzten Anteile an Ghia ab, und unter Fords Oberaufsicht kamen eine Menge stilistischer Anstöße aus den Studios, die in Serienmodellen wie dem Granada Ghia, dem Mustang II Ghia und dem AC Ghia mit V6-Mittelmotor von 1981 Früchte trugen. Es gab Prototypen für spezielle Stadtautos, Geländefahrzeuge wie Sapinos Saguro von 1988 und den phantastischen Ford-Rallyewagen Gruppe B den RS 200. In der Öffentlichkeit bedeutet der Namen des alten italienischen Karossiers inzwischen nicht viel mehr als die Luxusausstattung der obersten Ford-Modellreihe.

Der bei Ghia entworfene Maserati Ghibli wurde 1966 auf dem Turiner Automobilsalon vorgestellt.

OBEN Als Tochtergesellschaft von Ford entwarfen die Studios von Ghia den Ford Mustang II.
LINKS UND UNTEN Stilistischer Triumph eines früheren Jahrzehnts: der Maserati Ghibli.

ZAGATO

Sollte Sie das berühmte »Z« an einen Blitz erinnern, so wäre Ugo Zagato darüber sehr glücklich gewesen, denn er schuf einige der leichtesten und schnellsten Sportwagenkarosserien der Welt. Er gründete die Carrozzeria Zagato 1919 in der Viao Giorgini in Mailand und erlangte Berühmtheit mit den Karosserien für die Kompressor-Alfa-Romeos 6C 1750 und 8C 2300 der späten 20er und der 30er Jahre.

Das Kennzeichen einiger Entwürfe von Zagato war der sogenannte »Panorama«-Look, bei dem die Front-, Seiten- und Heckscheiben leicht über die Dachlinie des Wagens gezogen waren. 1947 entwarf Ugo, dessen Sohn Elio inzwischen bei ihm arbeitete, die Fiat 500 und 1100 mit diesem stilistischen Merkmal und arbeitete sich so aus dem ökonomischen Desaster hervor, das der Krieg zurückgelassen hatte. Während der späten 40er und frühen 50er Jahre fuhren bei Rennen viele kleine Fiats mit Zagato-Karosserien, und Elio wurde 1952 in einem Wagen mit einem Deutsch-Bonnet-Motor italienischer Sieger in der 750-ccm-Klasse. Als nächstes erwarb Zagato mehrere der neuen Fiat 2-Liter V8-Chassis und verkleidete sie mit leichten, stromlinienförmigen Karosserien. Diese Wagen dominierten die 2-Liter-GT-Klasse von 1953 bis 1955 und wurden bei der Mille Miglia 1954 neunte im Gesamtklassement. Der Zagato-Fiat unterlag bei der Meisterschaft 1956 nur knapp einem Zagato-Maserati A6G. Konkurrenz bekamen die Fiats außerdem durch die von Zagato entworfenen Alfa Romeo 1900 Super Sprints und die 2,5-Liter-Lancia Aurelias.

Der Unterschied, den eine leichte Zagato-Karosserie beim Alfa Romeo Super Sprint ausmachte, war erheblich. Der Standardwagen von 1954 erreicht 183 km/h, aber mit einer Zagato-Karosserie und Motorveränderungen schaffte er 195 km/h. Man sparte 180 kg. Genauso wurden die Fahrleistungen des Aurelia von 183 km/h auf 200 km/h angehoben. Der 2-Liter-Maserati A6G gewann 16 km/h und kam auf 209 km/h.

Ein weiteres Modell mit Zagato-Aufbau war Mitte der 50er Jahre der Fiat Abarth mit seinen ungewöhnlichen Kühlöffnungen, der es trotz seiner kleinen 750-ccm-Maschine auf 150 km/h brachte. Dann gab es den Alfa Giulietta Sprint Veloce 1300, bekannt als SVZ, den rundlichen SZ und seinen Langheck-Bruder, den SZT. Heerscharen privater Fahrer fuhren mit diesem Wagen in den 50er Jahren über die Rennstrecken, und in ihrer Klasse waren sie fast unschlagbar, bis Anfang der 60er die 1600er Porsche, die Simca Abarths und die Lotus Elites kamen. Ein weiteres Kennzeichen von Zagato war das »Doppelkuppel«-Dach. Einige der von Zagato entworfenen Wagen wie der Fiat Abarth und der Lancia Appia griffen diese Form auch bei der Gestaltung der Kofferraumklappe auf.

Es gab eine etwas plumpe Isotta-Fraschini-Limousine mit einem V-8-Heckmotor, aber nur selten unternahm man Ausflüge abseits der Sportwagen. Aufträge wie der Le-Mans-Prototyp für Lotus waren mehr nach Zagatos Geschmack, und es folgten weitere Arbeiten für Ferrari und Maserati, darunter das monströse Le-Mans-Coupé 450 S von 1958, nicht zu vergessen die großen Lancia Flavia Z- und Alfa 2600 Z-

Zagato wurde mit den Alfa Romeos 6C und 8C wie diesem 1750 Grand Sport von 1930 berühmt.

Der Alfa Romeo 1900 SS und der Spider von 1957–59. Zapatos frühe Versionen des Lancia Fulvia hatten Aluminium-Karosserien. Alfa Romeos »Monster«, das ES30 Coupé von 1989 basiert auf einem 75er Fahrgestell.

Coupés. Die Familie Zagato (inzwischen war Elios Bruder Gianni Chefdesigner geworden) arbeitete äußerst produktiv. 1960 trug ein Drittel der Rennwagen bei der harten, sizilianischen Targa Florio das legendäre Z, und immer noch wurden die Aluminium-Karosserien von Hand gehämmert.

Bei Zagatos Konstruktionsmethode wurde auf eine normale Bodenplatte aus Stahlblech ein starrer Käfig geschweißt. Der bestand aus kurzen Rohrstücken (an belasteten Stellen dicker) und aus Teilen von geformtem Stahlblech, die eine Innenauskleidung für die unbelasteten Aluminiumplatten der Außenhaut bildeten. Man schweißte die Platten auf den Rahmen, und nach dem Lackieren (1961 genügten zwei Deckschichten!) wurden Innenausstattung und Polster angefertigt.

1962 entstand im Norden von Mailand eine neue Fabrikanlage, und Zagato baute mit seinem Giulietta SZ, dem TZ und dem aggressiv funktionalen TZ II GT einige seiner schönsten Arbeiten für Alfa Romeo. Diese Entwürfe repräsentierten Zagatos grundlegende Philosophie, die um ein minimales Gewicht und die kleinstmögliche Frontpartie bemüht war. Man nahm an, eine optimale Aerodynamik würde zuviel Überhang mit sich bringen, und die »abgerissenen« Kamm-Hecks wären die passende Lösung. Der von Giulia abstammende Junior Z und der Lancia Fulvia Z kamen später.

Es gab Autos für Bristol und ein Meisterstück für Aston Martin. Der DB4 von Zagato ist wohl der schönste aller Astons, und der Aston Martin V8 Zagato aus der Mitte der 80er Jahre ist äußerlich einer der energischsten Sportwagen aller Zeiten. In Fortführung der Zusammenarbeit mit Alfa Romeo baute Zagato den bisher letzten Sportwagen der Firma, den erstaunlichen ES30.

Der Aston Martin DB4 GT Zagato bot einen rundlicheren Anblick als der Standardwagen.

Mit seiner stämmigen Form ist der DB4 GT ein typischer Zagato und sicher der schönste aller Aston Martins. Der Alfa Romeo Giulia TZ 2 von 1966 errang bei Langstreckenrennen viele Klassensiege.

PIETRO FRUA

Was hat Piemont an sich, daß dort so viele talentierte Designer aufwachsen? Wie viele andere, die als Karosseriebauer in den Autostädten Turin und Mailand begannen, wurde Pietro Frua 1913 in dieser norditalienischen Region geboren. Bis er 17 war, besuchte der begeisterte Rugbyspieler und Skiläufer die Fiat-Technikschule. Dann arbeitete er neben so hochbegabten Kollegen wie Mario Boano für Giovanni Farina und wurde Geschäftsführer, als Pinin Farina die Firma 1930 verließ. Frua war ein ehrgeiziger, junger Mann; in der folgenden Zeit legt er Hand an alles, von Tretautos bis zu Elektroöfen. Einer dieser Entwürfe sollte später der Vespa-Motorroller werden.

Nach dem Krieg baute er in einem zerbombten Gebäude eine kleine Fabrik auf und stellte 15 Karosseriebauer ein.

Einer der ersten Aufträge für Frua kam von Maserati, er sollte kommerziell verwertbare Karosserien für den 2-Liter-A6 GCS bauen. Fruas Lösung war absolut zeitgemäß: Es gab keine Spielereien im Stil der Vorkriegszeit wie etwa hervorgehobene Kotflügel. Die Seiten des Wagens waren in einem langen, harmonischen Schwung gehalten. Sein großer, kompromißloser Kühlergrill duldete kein Messing, und der ganze Entwurf hatte etwas Zeitloses an sich. Genau wie ein anderer Anachronismus, der AC Cobra, wür-

OBEN Der Renault Floride war ein attraktives Cabriolet auf Basis der Dauphine. Bei AC hatte man sich den 428 als Ersatz für den Cobra gedacht, aber das Projekt wurde nach nur 50 gebauten Wagen fallengelassen.
GEGENÜBER Das Frua Studio war auch am Design des Volvo P 1800S beteiligt, der in der Serie »The Saint« mit Roger Moore verewigt wurde.

den Fruas Maseratis A6GCS und A6G/54GT auch heute auf keiner Automobilausstellung fehl am Platze wirken.

1955 sicherte Frua Ghia vertraglich die Option auf seine Entwürfe zu. Das bemerkenswerteste Gefährt aus dieser Verbindung war der Renault Floride, eine flotte, kleine Coupé-Version der heckmotorgetriebenen Dauphine. Es war stilistisch eine hübsche Lösung, aber die Räder standen zu eng beieinander. Frua konnte die Hierarchie nicht lange ertragen, und man trennte sich unter gegenseitigen Beschuldigungen wegen der Urheberschaft des Floride-Entwurfs. Fruas eigene Firma hieß Studio Technica Pietro Frua. Zu den Entwürfen gehörte der Volvo P 1800S, teilweise das Werk von Pelle Petterson, verewigt von Roger Moore in der TV-Serie *The Saint*.

Frua stellte attraktive Karrosserien für den Maserati 3500 GT und 1963 für zwei Maserati 5000 GTs her. Ein früheres, viertüriges Einzelstück für Aga Khan war die Basis des Quattroporte, für den Frua im gleichen Jahr den Zuschlag bekam. Die Bleche wurden bei Vignale hergestellt und die Wagen in der Maserati-Fabrik in Modena zusammengebaut. Omer Orsi Maserati sah in diesem Wagen eine Möglichkeit, es mit den Jaguar-Limousinen aufzunehmen, die sich damals in Italien größter Beliebtheit erfreuten.

Maserati gab außerdem den gradlinigen Mistral bei Frua in Auftrag. Von 1964 bis 1970 wurden davon 948 Stück gebaut, darunter 120 Spider.

Stilistisch direkt verwandt mit dem Mistral war der AC428, der 1965 als Ersatz für den Cobra in Auftrag gegeben wurde und der sicher einer der schönsten Grand Tourer überhaupt ist. Das Chassis kam aus England, und die Karosserien wurden in Turin zusammengesetzt und ausstaffiert. Leider geschah dies sehr unkoordiniert, und bis 1969 wurden nur 50 Wagen gefertigt. Stahlarbeiterstreiks verschlimmerten die Verzögerungen, und 1973 stellte AC das Projekt ein.

Es gab eine Zeit Mitte der 60er, in der Frua viel für die deutsche Firma Glas arbeitete, darunter am Glas 2600 GT mit V-8-Motor. Aber Pietro Frua war als Designer lieber unabhängig, ohne die Sorgen mit Langzeitverträgen und Produktionszwängen. Ein Einzelstück war der Lotus Elan Frua SS von 1964, ein hübscher kleiner Sportwagen. Seine Designstudie für den Citroën SM hatte am Heck etwas vom Bora, und es gab einen weiteren, brillanten Entwurf für Maserati, den viersitzigen Kyalami Grand Tourer, der bis 1981 in Produktion war.

Zwischendurch wurden Versuche unternommen, die Jaguar S- und E-Typen zu bearbeiten, ebenso den Chevrolet Camaro. Ein VW-Porsche 914/6 wurde 1971 für den spanischen Porsche-Konzessionsinhaber überarbeitet und hätte es vielleicht bis in die Produktion geschafft, wären da nicht Unstimmigkeiten über das Urheberrecht gewesen. Ende der 70er stand Frua nicht mehr im Rampenlicht. Er starb 1983 mit 70 Jahren.

PININFARINA

Sein Name lautete eigentlich Giovanni Battista Farina, und Pinin war ein Spitzname, der »kleiner Junge« bedeutete und so an ihm klebte, daß er mit 60 Jahren offiziell die Erlaubnis bekam, seinen Namen in Pininfarina ändern zu dürfen. Von den Ursprüngen im traditionellen Karosseriebau per Hand umfaßte seine Karriere praktisch die gesamte Geschichte des Automobildesigns. Heute steht sein Name in Verbindung mit dem allerschönsten Design auf der Straße.

Der 1895 in Turin geborene Pinin, jüngstes von zehn Kindern, arbeitete fast 20 Jahre lang für seinen Bruder Giovanni in dessen Stabilimenti Farina. 1930 kündigte er, um seine eigene Firma am Corso Trapani zu eröffnen, und schaffte es, die harten Zeiten der Depression zu überstehen. Regelmäßig fuhr er in die USA, um die Szenerie dort im Auge zu behalten, und einmal bekam er sogar einen Job von Henry Ford angeboten.

Pininfarinas Sohn Sergio und sein Schwiegersohn Renzo Carli leiteten das Geschäft nach seinem Tod 1966 und zeichneten die meisten Entwürfe in den 50ern. Sergio, inzwischen Präsident, arbeitete genau wie Pininfarina es in den 30ern getan hatte: Aus der Zeichnung wurde ein Holzmodell, daraus dann eine originalgroße Gipsattrappe. Heute arbeitet man mit Computergrafik und experimentiert mit Verbundstoffen.

Pinins erstes Auto war der Lancia DiLambda von 1932, gefolgt vom Fiat Ardita, einem Mini-Phaeton, bei dem die hinteren Passagiere auf Klappsitzen hockten. Kurz darauf gab es eine ziemlich hoch gebaute, viertürige Limousine auf einem Bentley-Chassis. Ihr abgeschrägter Kühler und die Form der vorderen Kotflügel deuteten sportliche Fahrleistungen an. 1937 kam sein aerodynamischer Lancia Aprillia, der abgedeckte Räder, eine gebogene Windschutzscheibe und

UNTEN LINKS Der Lancia Aurelia B20 von 1956 war ein äußerst fortschrittliches Auto.

UNTEN RECHTS Der Peugeot 403 Berlina von 1955. Pininfarina ist schon seit den 50er Jahren für das Design bei Peugeot zuständig.

GANZ UNTEN Der Alfa Romeo Giulietta Spider 1300 wurde von 1956 bis 1961 gebaut. Der sehr ähnliche Giulia Spider folgte ihm, bis 1966 der Duetto 1600 kam.

IM UHRZEIGERSINN VON OBEN Alfa Romeo Duetto von 1966. Giulietta Spider von 1956. Alfa Romeo 33 Cuneo von 1971. Alfa Romeo 33.2 von 1969. Ferrari Mythos von 1989.

Das Cockpit des 66er Duetto: funktional und attraktiv.

LINKS Der Alfetta Spider Prototyp von 1972.

eine spitz zulaufende Vollkarosserie besaß. Im Jahr darauf entwarf Pininfarina ein elegantes Lancia Astura Cabriolet mit »Torpedo«-Kotflügeln.

Viele glauben, daß seine erste Nachkriegskreation hinsichtlich ihrer Harmonie und Klarheit unübertroffen ist. Es war das Cisitalia 202 Coupé, das für diese Art von Autos sicher neue Maßstäbe im Styling setzte. Es wurde mit geringen Mitteln gebaut und von einem 1100-ccm-Fiat-Motor im Rohrrahmen-Chassis angetrieben, was besser klingt, als es in bezug auf die tatsächlichen Fahrleistungen war. Jedenfalls schätzte man es im Museum of Modern Art in New York so hoch ein, daß es im Saal des einflußreichsten Automobildesigns aufgestellt wurde.

Abgesehen von Beratertätigkeiten, aus denen Serien wie die Peugeots mit ausgeprägten Heckflossen, Lancias und Austin Cambridges der frühen 60er hervorgingen, war nichts Gewöhnliches an Pininfarinas »Brot und Butter«-Autos. In den 50er Jahren baute die Fabrik die charmanten Alfa Romeo Giulietta Spider, und 1956 erwarb Pininfarina den von Colli entworfenen Disco-Volante-Rennwagen und stattete ihn mit einer Reihe von extravaganten Karosserien aus: Die erste hatte ein durchsichtiges Glasdach und durchsichtige Plastikschürzen über den Radkästen.

Eine Augenweide. Enzo Ferrari wandte sich für die meisten seiner Karosserien an Pininfarina. **VON GANZ OBEN** Ferrari 410 Superfast von 1956. Ferrari 410 Superamerica von 1957. Ferrari 275 GTB von 1966.

Der vierte, lang und schmal, behielt sein Glasdach und war die schönste dritte Version, ganz offensichtlich die Inspiration für Pininfarinas vielbewunderten Duetto Spider von 1966.

Mittlerweile zählte Enzo Ferrari zum erlauchten Kundenkreis, der für seine Karosserien kaum jemals zu einem anderen ging und für den die Pininfarina-Fabrik in all den Jahren ihre besten Arbeiten abgeliefert hat, z. B. auch den 400 Superamerica. Sämtliche von Sergio Scaglietti gebauten Wagen sind wunderbare Beispiele: der 375 MM Berlinetta Le-Mans-Wagen von 1954, der 250 GT von 1956-64 oder der 275 GTB von 1966. Vielleicht sagt Ihnen der 365 Daytona GTB4 von 1968 zu? Der P5-Prototyp von 1967 und der 512 S von 1969 waren weit stromlinienförmiger als die P4- und 512-Rennwagen und Vorläufer von Serien-Ferraris ein Jahrzehnt später. Ebenso läßt der Spider-Prototyp des XJ-S für die Birminghamer Motor Show 1978 den kommenden Jaguar-F-Typ der 90er Jahre erahnen.

Pininfarina wird inzwischen von der dritten Generation der Familie, von Paulo und Andrea, geleitet.

Alle Ferraris stammen aus dem Rennsport, auch der Berlinetta Boxer (oben) und der neueste F 40 (links und unten).

Das neueste Produkt aus den Werkstätten in Grugliaso ist der Prototyp des Ferrari Mythos, eine Designstudie auf Basis des Testarossa, die unter der Leitung von Chefdesigner Lorenzo Ramaciotti entstand. Dieser niedrige Roadster mit seinen klaren Linien soll gegen die neue Welle von Sportwagen aus Japan antreten, die von Designer-Teams entwickelt werden und extrem gut aussehen und die Preise der europäischen Supercars erheblich unterbieten. Einer davon ist natürlich der Ferrari 348 von 1989, ein Entwurf, der die Pininfarina-Ferrari-Linie fortführt. Überraschenderweise hat Pininfarina dem Ferrari einen Kühlergrill gegeben, der sich als unnötiges, kosmetisches Utensil entpuppt.

»Brot und Butter«-Autos waren während der letzten zwei Jahrzehnte der klassische Fiat 124 Spider, von dem 200 000 Stück hergestellt wurden, der attraktive, aber unterentwickelte Lancia Monte Carlo und das bekannteste Werk, der Alfa Romeo Spider, von dem 1988 der 100 000ste die Fabrik verließ. Bald darauf stand die Spider-Produktion wegen eines Feuers zeitweise still. Beratertätigkeiten führten zu den weithin gerühmten Peugeot 205 und 405 und dem Alfa Romeo 164. Die Produktionsbänder transportieren Ferrari-Testarossa-Karosserien neben Peugeot 205 Cabrios und Cadillac Allantes. Die neue Pininfarina-Extra-Designberatung hat vor, alles zu entwerfen, solange die Hersteller die besten auf ihrem Gebiet sind.

OBEN Der dreirädrige Prototyp »Y« von 1961.
RECHTS UND GANZ OBEN Studien für den Alfa Romeo von 1986 auf Basis der 75 oder 164.
UNTEN Der Fiat-Abarth-750-Rekordwagen von 1957.
UNTEN RECHTS Alfa Romeo 164.

Die Cadillac Allantes werden bei Pininfarina gebaut, bevor man sie in die USA verschifft. **UNTEN** Der Alfa Romeo Eagle von 1975 war eine Designstudie auf Basis der Alfetta.

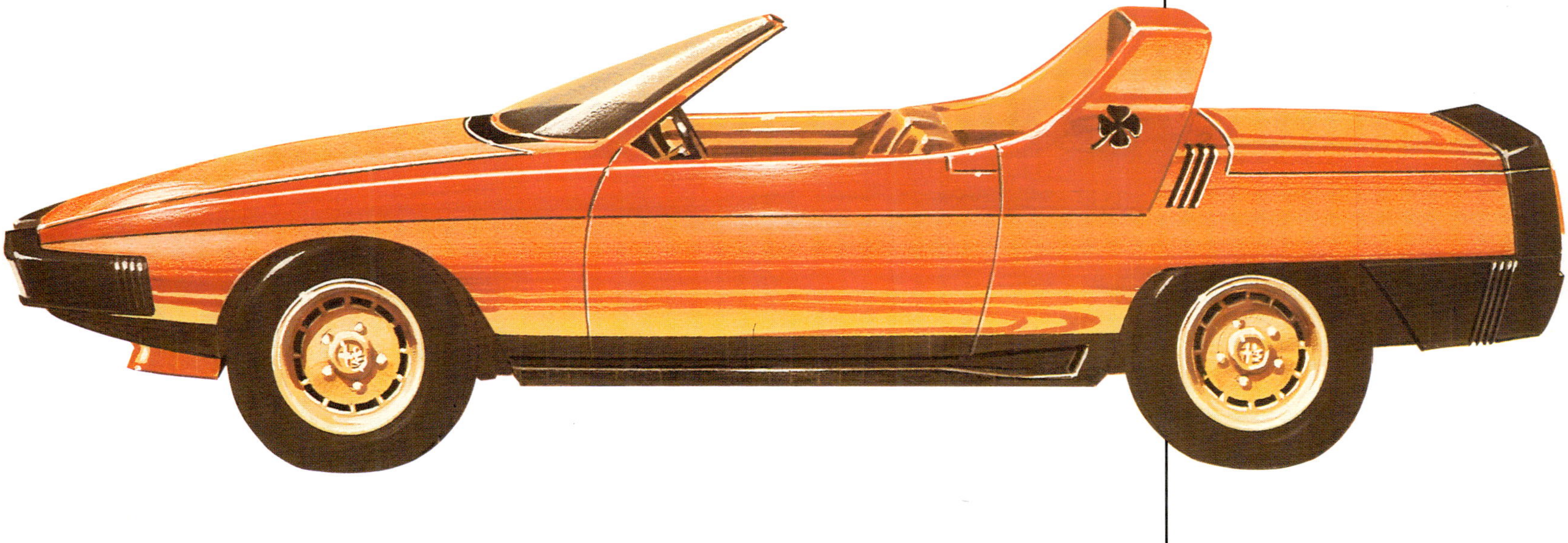

GIORGETTO GIUGIARO

Designer sind ein bißchen wie Musiker, immer scheinen sie schon in anderer Leute Kapelle gespielt zu haben, bevor man von ihnen hört. Giugiaro, inzwischen ein alter Hase mit eigener, etablierter Firma, verbrachte seine Lehrjahre in berühmten Studios. Das erste war das Fiat Centro Stile, das er mit 19 besuchte, nach einem Unfall, bei dem ein Farbeimer, ein Kirchenaltar und ein paar unvollendete Fresken seines Vaters beteiligt waren. Bei Fiat war er ein Teil eines großen Teams, er lernte jedoch die Designtechniken am Objekt. Seine erste Chance kam beim Turiner Autosalon 1958, als Nuccio Bertone einen seiner Entwürfe sah und ihm Franco Scagliones gerade frei gewordenen Job anbot. Mit gerade 21 Jahren wurde Giugiaro Chefdesigner in einer von Italiens Top-Carrozzerien, und seine erste Aufgabe war das 6-Zylinder Alfa Romeo 2000/2600 Sprint Coupé. Dem folgte der 4-Zylinder Giulia Sprint GT von 1963, der Bertone wieder ins Rampenlicht rückte. In nur sechs Jahren bei Bertone fertigte Giugiaro mehr als zwanzig erfolgreiche Entwürfe an, darunter den winzigen Fiat 850 Spider, das Fiat Dino Coupé, den Iso Grifo A3 C, den Chevrolet Corvair Testudo und den stilistisch verwandten Alfa Romeo Canguro, außerdem den Gordon Keeble und den BMW 3200 CS, die beide dem Alfa 2600 Coupé ähnelten.

Giugiaro ging 1965 von Bertone zu Ghia. Kurz nach seinem Wechsel wurde die Firma von Alejandro de Tomaso übernommen, und obwohl die beiden Männer nicht besonders miteinander auskamen, entstanden ein paar bemerkenswerte Autos. Auf dem Turiner Salon 1966 zeigte Ghia den DeTomaso Mangusta und den Maserati Ghibli, beides frische und saubere Entwürfe. Im folgenden Jahr entstanden Studien für einen Oldsmobile Toronado (den Thor), einen viertürigen Iso Rivolta und ein batteriegetriebenes Stadtauto.

Es war an der Zeit, weiterzuziehen, und Giugiaro verließ Ghia 1967, um im Jahr darauf seine eigene Firma Ital Design zu gründen, die bald um die 100 Mitarbeiter als Designer, Tischler und Modellbauer hatte. Seine Partner waren Aldo Mantovani, Luciano Bosi und Gino Boaretti, Spezialisten in Karosseriekonstruktion, Produktionsmethoden und Maschinen-

UNTEN UND UNTEN RECHTS Der Alfa Romeo GTV 2,0 Liter bekam 1982 bei einem Facelifting schwere Stoßstangen und größere Räder.

OBEN UND RECHTS Die Linie der ersten Serie des Alfetta GTV, erstmals 1967 gezeichnet, war eleganter.

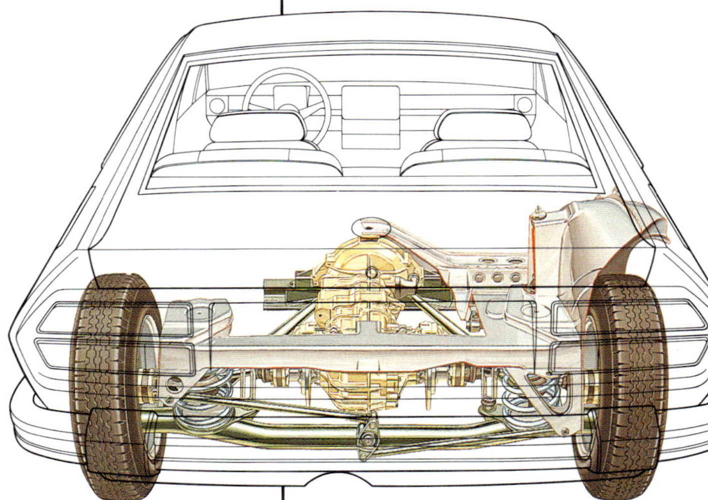

OBEN LINKS Die frontgetriebenen 4-Zylinder-Boxer-Alfasuds waren flott und machten Spaß. **OBEN** Bei der Alfetta GTV waren Kupplung und Getriebe in Transaxle-Bauweise ausgeführt. **LINKS** Fließbänder in Arese bauten den Alfetta GTV von 1974–88.

In seiner Turboversion konnte der Lotus Esprit vor den traditionellen Supercars bestehen. **UNTEN RECHTS UND GANZ UNTEN** Das vom Unglück verfolgte DeLorean Flügeltüren-Coupé hatte einen Mittelmotor.

design. Giugiaros Arbeitsmethoden wichen etwas von der Norm ab. Er veränderte Ideen extrem schnell und baute gleich originalgroße Modelle, da er Tonmodelle meist für Zeitverschwendung hielt, wenn nicht gerade ein Test im Windkanal erforderlich war. Das 1:1-Modell wurde mit Gips auf einen Holzrahmen gebaut. Seinen ebenfalls originalgroßen Perspektivzeichnungen gingen Skizzen voran, die von seinen Assistenten im Airbrush-Verfahren ausgearbeitet wurden. Prototypen entstanden aus Stahl, wenn der Auftrag nicht eine Fiberglas-Karosserie verlangte.

Es dauerte nicht lange, bis die Firma in ihrer modernen Fabrik in Moncalieri das komplette Design für den Alfasud und seine Produktion erstellt hatte. Es war die Ära des Keils, und auf dem Turiner Autosalon 1972 zeigte man den Prototyp des Lotus Esprit. In einem einzigen Jahr folgten die Maserati Merak und Boomerang, dann der Alfa Romeo GTV, die Volkswagen Golf und Scirocco. Giugiaros Beratungen für Hyundai führten zum »Pony«. Zur Orientierung hatte man aus Korea nur ein Foto des Motors geschickt, aber die Prototypen entstanden in gut einem Jahr. 1975 zeichnete Giugiaro den vom Unglück verfolgten DeLorean, der größtenteils auf seinem Porsche 914 Tapiro Prototyp von 1970 basierte. Der Maserati Medici von 1976 blieb als Limousine ein Einzelstück. Nach der Keilgeneration kam die Eurobox, für die Giugiaros Fiat Uno, Italiens meistverkauftes Auto, in der zweiten Hälfte der 80er Jahre das beste Beispiel ist.

Zu den weiteren Aktivitäten von Ital Design gehören Kühlschränke, Ducati-Motorräder, Motorboote, Rasierapparate, Haartrockner, Möbel und Badezimmereinrichtungen. 1989 hatte man etwa 330 Angestellte, und eines ihrer Angebote auf der Turiner Show war der Aztec auf Basis des Audi Quattro, ein niedriger Sportwagen mit Doppelcockpit und Flügeltüren, der den Produkten aus Ital Designs Abteilung für Industriestyling nicht unähnlich war. Die Ideen hinter diesem Wagen waren strikt logisch. Giugiaro sammelte sämtliche Wartungspunkte hinter einer Klappe, so daß sich diese Funktionen von außen bedienen lassen, außerdem hat der Aztec eine pneumatisch wirkende Niveau-Regulierung mit einstellbarer Bodenfreiheit. Japan, wohin nicht nur Giugiaro, sondern auch Pininfarina in den letzten zwei Jahrzehnten Ideen verkauft haben, zeigte Interesse an diesem Projekt. Die Ideen führten zwar nicht zu kompletten Autos, fanden sich aber in Details wie Dachpfosten und Türgriffen wieder. Der Aztec zeigt, daß es bei Ital Design noch viele frische Ideen gibt.

Der Fiat Uno war Ende der 80er Jahre Italiens beliebtestes Auto. Die Turboversionen sind »Kraftprotze«.

NUCCIO BERTONE

1952 wurde die Lage für Nuccio Bertone schwierig, als man bei Fiat die Aufträge an freie Karossiers kürzte. Es wurde für ihn Zeit, auf eigenen Beinen zu stehen, und er verpaßte einigen MG-Chassis Coupé- und Cabrio-Karosserien und stellte sie auf dem Turiner Autosalon aus in der Hoffnung, jemand würde darauf anspringen. Dies war die Wiedergeburt der Carrozzeria Bertone, denn die Modelle wurden von dem amerikanischen MG-Händler »Wacky« Arnolt gekauft, der in den USA einen Markt für diese Wagen sah. Er willigte ein, je 100 Stück zu nehmen, wenn der Preis stimmte. Die MG-Chassis wurden aus England geliefert, bekamen in Turin ihre Karosserie und wurden von Genua in die USA verschifft. Am Ende kaufte Arnolt 460 Karosserien von Bertone, darunter die für den späteren Arnolt-Bristol.

Nuccios Vater war seit 1912 Karosseriebauer in Turin, arbeitete anfangs mit Diatto-Chassis, dann lernte er 1919 Vicenzo Lancia kennen. Nachdem er in den 20er Jahren Lambda-Karosserien gebaut hatte, trennte man sich, als er das Angebot ablehnte, alle neuen Ganzstahlkarosserien von Lancia zu bauen. Lancia baute sie selbst, und Bertone senior war so gut wie aus dem Geschäft. Nuccio hatte seit dem zwölften Lebensjahr für seinen Vater gearbeitet, und 1932, achtzehnjährig und mit einem Wirtschaftsexamen in Sicht, machte er sich daran, die Entwürfe seines Vaters für den kleinen Fiat Balilla zu verkaufen. Er war so erfolgreich, daß er nicht nur das Geschäft sicherte, sondern seine Verkaufsreise jährlich wiederholen konnte.

Nach dem Krieg fuhr Nuccio Bertone mit Fiats, OSCAs, Maseratis und Ferraris bei Bergrennen und der Targa Florio. Er wartete darauf, daß das Karosseriegeschäft wieder aufleben würde und sammelte dabei wertvolle Erfahrungen über Aerodynamik, Kühlung und Gleichgewicht und wie Autos für den Rennsport gearbeitet sein sollten. Dann kam die

OBEN Bertones traumhafter Alfa Romeo 2000 Sportiva von 1954. **RECHTS** Der Giulia Sprint von 1962 ersetzte die Giulietta-Modelle mit dem kleineren Kühlergrill.

Arnolt-Episode, und darauf folgte ein Entwurf für Abarth für den Pariser Salon 1952. Dieses wundersame Geschöpf besaß ein drittes Rücklicht in der Mitte und rudimentäre Heckflossen, die bei Bertones nächstem Projekt deutlicher wurden. Alfa Romeo war von den Arnolt-MGs beeindruckt und wollte einen Nachfolger für den Disco Volante von Touring. Bertone entwarf die unglaubliche Serie von BAT-Wagen für Berlina Aerodinamica Tecnica, die auf der Mechanik des 1900 Super Sport basierten.

Ähnlichkeiten mit dem Batmobil waren rein zufällig, aber alle drei BAT-Wagen hatten die extravagantesten Fledermausflügel, die es jemals zu sehen gab. Die

GANZ OBEN Die außergewöhnlichen BAT-Wagen, Nummer 5 (links) und Nummer 7.
OBEN Bertones einziger Ferrari, der 308 GT4 Dino im europäischen Gewand und links in der USA-Version. Es war der erste viersitzige Ferrari mit Heckmotor.

Haischnauze des BAT 5, des ersten gebauten Wagens, war Ferrari um Jahre voraus, und die versenkbaren Scheinwerfer öffneten und schlossen sich in der Spitze der Kotflügel. Der BAT 7 hatte die aufregendste Heckgestaltung der drei, aber eine weniger charakteristische Schnauze als der BAT 5. Bei allen Versionen schrägte sich die Heckscheibe spitz zum Heck ab. Der BAT 9 war die Vernunftversion aus den beiden Vorgängern. Andere Varianten gelangten nie über das Zeichenbrett hinaus (Nr. 6 und 8) oder konnten beim Test auf der Autostrada den Serien-1900-SS nicht übertreffen. Arnolt kaufte den BAT 5, aber auch der 7 und die 9 kamen in die Staaten.

Im Fahrwasser der BAT-Wagen kam ein realistischerer Grand Tourer, der attraktive Sportiva Prototyp mit Panoramascheibe, leicht spitzer Schnauze und gestutztem Heck. Ebenfalls 1954 plante Alfa Romeo den 1300 ccm Giulietta Sprint, und Bertone verbesserte mit seinem Chefdesigner Franco Scaglione Alfas eigene Entwürfe für einen klassischen GT-Wagen, der für normale Autofahrer bezahlbar werden sollte. Die Nachfrage war so groß, daß Bertone eine neue Fabrikanlage brauchte, und als die Giulietta-Serie eingestellt wurde, waren etwa 35 000 Stück produziert. Noch ansprechender war der »kurvenreiche« Sprint Speciale, der in weit weniger Exemplaren gebaut wurde.

Über die Jahre versammelte Bertone eine Reihe von hervorragenden Assistenten um sich, und Giugiaro war verantwortlich für die Konzeption des Alfa Romeo Giulia Coupés, das von 1964 bis 1976 gebaut wurde. Der Giulia lieferte auch die Basis für den Alfa

GANZ OBEN UND OBEN Der Iso Grifo von 1965–74 wurde von 7-Liter-Ford- oder Chevrolet-Motoren angetrieben. **RECHTS** Der Maserati Khamsin wurde bei Bertone entworfen, als Giugiaro dort arbeitete.

GANZ OBEN Rückansicht des Maserati Khamsin.

OBEN UND LINKS Der Montreal entstand für die Kanadische Automobilausstellung 1967. Ein süßer kleiner Sportwagen: Der Fiat 850 Spider mit Heckmotor wurde zwischen 1968 und 1972 gebaut. Der Alfa Romeo GTA von 1965 war das motorsportliche Nebenprodukt der beliebten Coupé-Reihe.

OBEN Niki Lauda diskutiert den »Special Edition«-Fiat X-1/9 mit Nuccio Bertone. **RECHTS** Ein hübscher Dallara-Umbau. **UNTEN** Der X-1/9 Runabout. **UNTEN LINKS** Der X-1/9 wurde in der Fabrik bei Bertone gebaut. **GANZ UNTEN RECHTS** Der FIAT X-1/9 von 1981.

Romeo Montreal mit V-8-Motor, der 1967 für den Autosalon in Montreal entstand. Zwangsläufig mußte die Zusammenarbeit von Lehrer und Schüler zu Verwirrungen darüber führen, wer was entworfen hat, ähnlich wie bei einem Renaissance-Gemälde, bei dem unklar ist, welche Teile von Mitarbeitern und welche vom Meister selbst stammen. Über kein Design ist mehr gestritten worden als über den Lamborghini Miura. 1965, als Ferrucio Lamborghini Bertone den Auftrag für das neue P400-Projekt erteilte, war Giugiaro gerade gegangen und der 27jährige Marcello Gandini hatte seine Stelle eingenommen. Gandini mußte die Miura-Entwürfe für den Genfer Salon 1966 in Eile vollenden. Es hieß, einige von Giugiaros zurückgelassenen Zeichnungen für einen Mittelmotor-Alfa hätten dem Miura erstaunlich ähnlich gesehen. Meister Bertone behauptet, wegen Gandinis Unerfahrenheit hätte er dem Entwurf selbst den letzten Schliff gegeben. Wer wollte mit dem Chef streiten?

Während seiner 13 Jahre bei Bertone war Gandini für den eher nüchternen Ferrari 308 GT4 verantwortlich, den ersten Ferrari, der in 20 Jahren nicht von Pininfarina stammte, was wahrscheinlich eine Entscheidung war, die aus dem Fiat-Management kam. Der 308 GT4 war der erste 2+2 und der erste V-8 aus der Dino-Serie mit einem sauberen, schnörkellosen, nicht übermäßig zurückhaltenden Design. Bertone gefiel es offenbar: Lange Jahre fuhr er selbst so einen Wagen. Es hatte eine Reihe von Einschränkungen beim Styling des 308 GT4 gegeben, und 1976 entwarf Bertone den aggressiv kantigen Prototyp Rainbow mit Targa-Dach auf Basis des 308, um das Gleichgewicht wieder herzustellen. Gandinis Lamborghini Countach zeigte Anfang der 70er Jahre, was das Studio tatsächlich leisten konnte.

Der kleine Fiat-X-1/9-Sportwagen entstand 1972, wiederum aus der Feder von Gandini. Erst 1989 stellte man ihn ein, aber Fiat hatte den X-1/9 nie wirklich weiterentwickelt. Bertones Projekt für 1989 war der Genesis, eine futuristische Designstudie zum Espace-Thema der Kleinbusse, aus der am Ende eine Mischung aus Camper und Countach wurde.

OBEN LINKS Der Alfa Romeo 33 Prototyp Navajo.
OBEN RECHTS Die Bertone-Fabrik in Turin.
LINKS Der Fiat X-1/9 wurde von Gandini entworfen, als er bei Bertone arbeitete. Das Potential dieses Mittelmotor-Sportwagens ist nie erkannt worden.

Stylisten bei der Arbeit am Ramarro-Projekt in Bertones Design-Studio. Die Details werden am originalgroßen Tonmodell gefertigt.

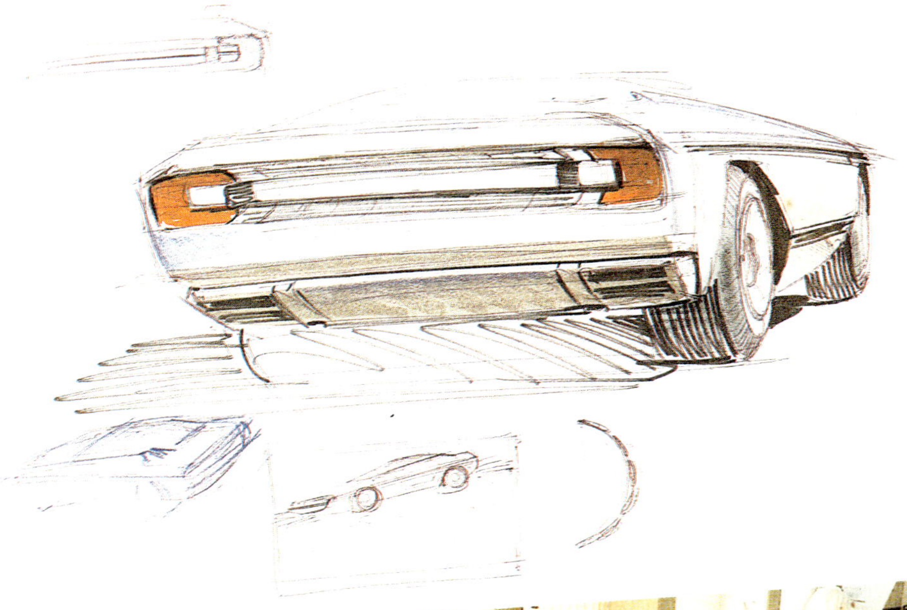

Der Ramarro aus dem Bertone-Studio: vom Zeichenbrett zum fahrbereiten Prototyp.

MARCELLO GANDINI

Marcello Gandini wurde 1939 in Turin als Sohn eines Musikers geboren. Nach dem Abbruch seines Klassik-Studiums arbeitete er in einer Karosseriewerkstatt. Seine erste Kreation entstand 1959 auf der Basis der OSCA Barchetta. Seine erste Chance bekam er, als Giugiaro Bertone verließ und er selbst als Chefdesigner eingestellt wurde. Gandinis erste Aufgabe bestand darin, ein paar gute Entwürfe für den Genfer Salon zu entwickeln, der nur 4 Monate später stattfinden sollte. Der spektakuläre Lamborghini Miura war das Ergebnis und Gandinis Ruf im Automobilgeschäft gesichert.

Danach bekam Bertone viele Aufträge, darunter den Lamborghini Marzal und den Viersitzer Espada, Ferraris einzigen Bertone-Entwurf für den 308 GT4, den pfeilförmigen Maserati Khamsin, den Alfa Romeo 1750 Berlina, den Innocenti Mini, den Fiat X-1/9 und den Rallyeweltmeister Lancia Stratos, die alle zum Großteil, wenn auch nicht ausschließlich, unter dem Einfluß von Gandini entstanden. Der dramatischste von allen war der Lamborghini Countach von 1971, der mit einigen Überarbeitungen auch 19 Jahre später nichts von seiner Radikalität eingebüßt hat. Sein letzter Job bei Bertone war die Citroën BX-Limousine, die eine breitere Öffentlichkeit ansprechen sollte als die meisten der vorangegangenen Modelle des französischen Herstellers.

Gandini verließ Bertone 1978 und arbeitet heute in seiner Villa in den bewaldeten Hügeln oberhalb von Turin. Als freier Berater widmete er seine ersten 5 Jahre fast ausnahmslos Renault. Einer der ersten Aufträge bestand darin, den R4 innen und außen zu überarbeiten. Dann kamen die Innenausstattungen des R25 und des Alpine, dazu weitere Arbeiten für Renaults Lastwagenabteilung. 1988 entwarf er den dramatischen Cizeta Moroder mit V-16-Motor für ein Konsortium von ehemaligen Lamborghini-Angestellten in Modena. Zurück in der Liga der Supercars, war Gandini verantwortlich für den Lamborghini Diablo, ein perfekter Nachfolger des Countach, ohne besonders innovatives Design. Mitten in der bevorstehenden Übernahme von Maserati durch Fiat war seine letzte Kreation ein Nachfolger für die Bora und Merak Maseratis, ein 4,9-Liter-V-8 mit Mittelmotor. Wie Giugiaro hat auch Gandini den Horizont seiner Designberatung um Uhren, Lampen und Fahrräder erweitert.

GANZ OBEN Der Citroën BX 1.9 GTI bei der Motor Show 1986.
MITTE UND RECHTS Im allgemeinen wird eher Gandini das Verdienst für den Lamborghini Miura zugerechnet, dessen Entwurf entstand, während er bei Bertone arbeitete.

Der Lamborghini Miura symbolisierte das Supercar der 60er Jahre, während der Countach sein Gegenstück für die 80er ist.

MITTE UND LINKS Der Lancia Stratos HF, Sieger der Rallyeweltmeisterschaft.

ALEC ISSIGONIS

Alec Issigonis wurde 1906 in Izmir in eine Familie hineingeboren, die mit Schiffsmaschinen zu tun hatte. Während der politischen Umtriebe nach dem I. Weltkrieg wurde das Geschäft von den Türken konfisziert, und Alec kam nach Großbritannien, um am Battersea Polytechnikum zu studieren. Nach einer Europareise mit seiner Mutter fand er einen Job als Chefzeichner bei Edward Gillett in London, der an einer automatischen Kupplung arbeitete (sie war dem Synchrongetriebe, das damals gerade von General Motors entwickelt wurde, allerdings weit unterlegen). Durch die Arbeit lernte Issigonis eine Reihe britischer Hersteller kennen, und schon bald bot man ihm einen Job bei Humber an. Kurze Zeit später wechselte er zur Morris Motors in Cowley, wo gerade eine zentrale Technikeinheit mit getrennten Abteilungen für jedes Fahrzeugteil eingerichtet wurde. Alec war verantwortlich für die Hinterachse! Schon bald entwarf er das gesamte Federungssystem.

Als Hobby fuhr Alec gemeinsam mit George Dowson Rennen mit einem Lightweight Special, der auf seinem Austin 7 Ulster basierte. Hier lernte er bei Beschleunigungs- und Bergrennen eine Menge sowohl über Radaufhängung und Karosseriesteifheit als auch über Fahrbarkeit und Handhabung. Hätte es keinen Krieg gegeben, wären seine Schraubenfedern und die unabhängige Trapez-Querlenkerradaufhängung zusammen mit seiner Zahnstangenlenkung im Morris der Serie M10 vorgestellt worden. Diese Bauteile wurden dann erstmals 1947 beim MG-Y-Typ verwendet.

Während des gesamten Krieges hatte er an einem Design gearbeitet, aus dem der Morris Minor werden

Sir Alec Issigonis begann die Zeichnungen für den Morris Minor während des II. Weltkriegs. Der Wagen wurde in mehreren Versionen von 1948 bis 1971 gebaut.

MINOR
1000
142 DLR

MOC 205R

sollte. Chefingenieur Vic Oak ließ ihm freie Hand. Zwei Zeichner assistierten ihm, Jack Daniels bei Chassis, Federung und Lenkung und Reg Job bei der Karosserie. Der Wagen fand bei der Londoner Motor Show 1948 große Beachtung: außer bei Lord Nuffield, der ihn vor den Händlern als »poached egg« (»verlorenes Ei«) abqualifizierte!

Als sich die Nuffield Organisation, der Morris angehörte, 1952 mit Austin zur British Motor Corporation zusammenschloß, wechselte Issigonis zu Alvis in der wohl richtigen Annahme, daß seine Entwürfe für Morris vorerst zurückgestellt würden. Unglücklicherweise wurde sein erstes Projekt bei Alvis verworfen, man entschied, daß zu hohe Entwicklungskosten in den Wagen geflossen waren, um ihn noch gewinnbringend bauen zu können, darunter ein 3,5-Liter-V-8-Motor und die brandneue Moulton-Hydrolastic-Federung. 1956 war Issigonis wieder bei BMC, unter dem Vorsitz von Sir Leonard Lord.

Zu diesem Zeitpunkt kam die Suez-Krise: Ägypten blockierte den Suez-Kanal, und die Ölpipeline durch Syrien wurde unterbrochen. Ganz Europa war gezwungen, seine Vorstellungen vom Auto zu überdenken, und die erste Reaktion war eine plötzliche Masse von deutschen und italienischen Kleinstwagen. Für den Lord war dies unerträglich, und er spornte Issigonis an, etwas zu bauen, was deren Zustrom bremsen und soweit wie möglich die vorhandenen BMC-Teile verwenden sollte. Genau wie beim Morris Minor arbeitete Alec mit einer Unmenge von sorgfältig kommentierten Skizzen, und zwischen März und Juli 1957 baute sein kleines Team Holzmodelle. Zu den zentralen technischen Erneuerungen gehörten die Plazierung des Getriebes unter der Maschine (eigentlich in der Ölwanne) und der querliegende Motor. Man verwendete eine variable Gummifederung von Moulton, und das winzige Gefährt fuhr auf ebenso winzigen 10-Zoll-Dunlop-Reifen. Ein Jahr später waren die meisten Macken ausgemerzt, und Mitte 1959 ging der Mini in Produktion. Es war Issigonis' zweites komplettes Design. Auf den Mini folgte eine Reihe von ähnlich konzipierten BMC-Familienwagen, die immer größer wurden, aber keiner von ihnen erreichte soviel wie der Mini. Im Rennsport war er zeitweise unschlagbar, und er revolutionierte die europäische Autoindustrie. Alec Issigonis erhielt viele Auszeichnungen, darunter 1967 die Ritterwürde. Er starb 1989.

Man verbindet Issigonis am ehesten mit seinem frontgetriebenen 59er Mini mit querliegendem Motor, der die europäische Autoindustrie praktisch revolutionierte. 30 Jahre später befindet er sich immer noch in Produktion.

MALCOLM SAYER

Malcolm Sayer lernte sein Handwerk als Aerodynamiker da, wo sie wirklich gebraucht werden: in der Flugzeugindustrie. Sein erster Auftrag bei Sir William Lyons war das Design für Jaguars ersten richtigen Rennwagen, den C-Typ. Er hatte eine bemerkenswert klare Linie, und Walker und Whitehead gewannen damit 1951 auf Anhieb das 24-Stunden-Rennen von Le Mans. Beim gleichen Rennen belegten die C-Typen 1953 die Plätze eins, zwei und vier. Sayers nächstes Projekt war der D-Typ, bei dem die Wölbungen der Kotflügel noch akzentuierter, fast wulstig waren. Er hatte einen offenen Lufteinlaß anstelle des Kühlergrills und hinter dem Cockpit die charakteristische Kopfstütze mit dem Heckflügel, der die Stabilität bei hohen Geschwindigkeiten erhöhen sollte; der D-Typ war einer der erfolgreichsten Rennwagen in der zweiten Hälfte der 50er Jahre.

Malcom Sayer schuf auch den legendären E-Typ, den einzigen straßentauglichen Jaguar, der nicht von Sir William Lyons kam. Vor seinem frühen Tod entwarf Sayer den XJ-13 mit Mittelmotor, ein langer, niedriger, rundlicher Sport-Prototyp, den man testete, zerstörte und 1967 als Museumsstück dann doch wieder aufbaute.

UNTEN Der reinste von Malcolm Sayers Entwürfen war der Jaguar C-Typ, der Le-Mans-Sieger von 1951.
UNTEN RECHTS Der Prototyp des Jaguar D-Typ von 1954.

Der letzte Werks-D-Typ, Chassis XKD 406, ging 1958 ins Rennen.

GEGENÜBER GANZ OBEN, UND LINKS Sayers letztes Werk war der von einem Mittelmotor betriebene Jaguar-XJ-13 Rennprototyp von 1967. **UNTEN** Phallisches Symbol der 60er Jahre: der E-Typ Roadster.

WILLIAM TOWNS

Der 1936 geborene William Towns kam 1955 zur Rootes Group und stellte hocherfreut fest, daß es dort eine Abteilung gab, die Plastilin im Großen genauso benutzte, wie er es als Kind im Kleinen getan hatte. Anfang der 60er Jahre arbeitete er bei Rover und entwarf einen Gasturbinenwagen, der 1965 in Le Mans fuhr. Im Jahr darauf bot man ihm einen Posten bei Aston Martin an, und da er über die von Touring vorgeschlagenen Entwürfe für die kommenden V-8-Modelle die Nase rümpfte, machte er sich daran, den DB-S selbst zu zeichnen. Nebenbei entwarf er den riesigen, keilförmigen, viertürigen Aston Martin Lagonda. Bill Towns zeichnete außerdem Nachfolger für den Triumph TR6, die während der Stokes-Ära bei British Leyland verlorengingen, und hatte großen Anteil am Styling des Jensen-Healey, der 1972 in Genf vorgestellt wurde.

RECHTS Bill Towns mit dem Minissima-Stadtauto auf Mini-Basis. Towns' Spezialität waren Sportwagen wie der Jensen-Healey von 1972 und der Aston Martin DBS mit 6-Zylinder-Motor.

OGLE DESIGN

Der Gründer David Ogle starb 1962 bei einem Autounfall, aber John Ogier und der Designer Tom Karen führten seine Arbeit fort. Frühe Projekte waren ein Sportwagen, der auf einem Daimler SP 250 basierte, und ein Mini. Der Auftrag für das Reliant Scimitar Coupé kam 1965, vier Jahre später gefolgt vom Scimitar GTE, der einen neuen Trend zu gutausgestatteten Sportkombis in Gang setzte. Der GTE ist wieder da, dank Middlebridge Engineering. Zwischendurch beriet Ogle den türkischen Hersteller Anadol und entwarf die Antithese zum Scimitar, das keilförmige Dreirad Bond Bug. In Fortführung des Fiberglas-Dreiradthemas ersetzte Reliant den spaßigen Bug durch den langweiligen, aber praktischen Robin. Wieder am anderen Ende des Fahrzeugspektrums entwarf Ogle für die Montreal Show 1972 einen Aston Martin V8. Es wurden nur zwei Wagen gebaut, aber der Ogle Aston bewies, daß es auch Karosseriebauer außerhalb von Detroit oder Italien gab, die sich sehen lassen konnten.

Ogle Design entwarf diesen Aston Martin V8 für die Montrealer Motor Show 1972.

FRANK COSTIN

Von 1955 bis 1975 hieß der Mann an der vordersten Front der automobilen Aerodynamik Frank Costin. Seine Entwürfe für Rennwagen wie die Lotus Mark 8, 9, 11, und der straßentaugliche Elite, dazu die Vanwall und March 711 Formel-1-Wagen, sicherten ihnen einen überlegenen Strömungswiderstand. Abgesehen vom March hatten sie keine künstlichen Hilfsmittel, und die Wagen waren scheinbar seitenwindunempfindlich. Auf dem Rennkurs mußte man natürlich keine modischen Kompromisse eingehen, und entsprechend waren Costins Entwürfe im Zusammenwirken mit Colin Chapmans technischen Fähigkeiten oft schneller als Wagen mit ähnlichen Motorleistungen, was schließlich auch der Sinn der Sache war.

Costins anderes Fachgebiet war die Verwendung von Holz beim Karosseriebau. In den Pioniertagen des Autos hatte man Holz oft für Einfassungen und Verkleidungen benutzt, aber jetzt brachte Costin seine Erfahrung bei De Havilland in der Herstellung von hölzernen Monocoque-Chassis ein. Der erste dieser Wagen, der Marcos von 1960, ein »häßliches Entlein«, war dem Konzept nach ein Segelflugzeug auf Rädern, das in seiner Werkstatt in Dolgellau in Nordwales gefertigt wurde. Hier hatte er viel an Chapmans erstem Serienwagen, dem Lotus 7, gearbeitet, der auf der Rennstrecke von den Marcos-Wagen übertroffen wurde, oftmals mit großen Rennfahrern der Zukunft wie Jackie Stewart am Steuer.

Mitte der 60er Jahre kam ein Costin-Stortwagen heraus, der gegen den Lotus 23 antrat, und etwa zur gleichen Zeit entstand ein leichter, hölzerner »Einkaufs-Wagen«. Die Rennwagen wurden mit dem wunderschön kurvenreichen Costin Nathan fortgesetzt, der in seiner GT-Form 1967 und 1968 sehr erfolgreich war. Am Ende war er jedoch zu teuer, um ihn in größeren Mengen zu bauen. Von 1972 bis 1980 stellte er einen marcosähnlichen Wagen namens Costin Amigo her. Dieses Auto mit Vauxhall-Maschine schaffte 210 km/h, es war überlang und mit 106 cm Höhe besonders flach. Costin verband die Antenne mit einer Warnleuchte, um entgegenkommende Fahrzeuge auf schmalen Straßen zu warnen. Der Wagen wurde nach Problemen mit Geldgebern schließlich aufgegeben, und Costin zog nach Irland, um verschiedenste Beratertätigkeiten aufzunehmen.

Der Lotus Elite war ein Fiberglas-Coupé mit 1216ccm-Coventry-Climax-Maschine und einem dem Rennsport entlehnten Armaturenbrett.

Der Elite setzte neue Maßstäbe für straßentaugliche Sportwagen. Etwa 1000 Stück wurden zwischen 1958 und 1964 gebaut.

YNX 773

KARMANN

UNTEN Karmann lieferte Karosserien für das Ford Köln Cabriolet von 1933.
GANZ UNTEN Karosserien für den Porsche 356 wie dieser Super 1600 von 1956 stammten von Karmann.

Die meisten Leute denken bei Karmann an Volkswagen und speziell an das von Ghia entworfene VW Coupé aus den späten 50er und frühen 60er Jahren, dabei baute Karmann schon seit der Jahrhundertwende Karosserien. Regelmäßig stellte man eine Fertigungsstraße für bekannte deutsche Modelle zur Verfügung.

Außerdem ist Karmann für sein Werkzeugmaschinendesign bekannt.

1901 übernahm Wilhelm Karmann eine Fahrradfabrik in Osnabrück und begann, Karosserien für Dürkopp-, Minerva- und FN-Chassis zu bauen. Auf dem Berliner Salon 1905 stellte er sie erstmals aus. Bis zum I. Weltkrieg expandierte die Firma stetig, dann wurde das Personal von 70 auf 20 Leute reduziert, und man baute Winschwagen für Zeppelin und Krankenwagen. Als Teil der deutschen Reparationsleistungen war man nach dem Krieg gezwungen, landwirtschaftliche Karren für französische und belgische Bauern zu bauen. Die Einzelaufträge wurden bald weniger, und Karmann baute 50 Karosserien am Stück für Hersteller wie N.A.G., FN, Protos und AGA. 1924 besuchte Karmann die USA und war beeindruckt davon, wie Fisher Stahlbleche mit Nitro-Farbe besprühte. Viele Hersteller gingen in den wirren 20er Jahren in Deutschland ein, und als Mannesmann eine Flotte von Sechssitzer-Karosserien nicht abholte, bot Karmann sie seinen Arbeitern als Sommerhäuschen für den Garten an.

Das Karosseriegeschäft war saisonabhängig, mit großer Nachfrage in Frühling und Sommer, und einer Dürreperiode im Winter. Karmann jedoch bekam einen großen Auftrag von Adler, nachdem man 1926 in Bad Nauheim ein preisgekröntes Cabriolet vorge-

stellt hatte. Auch andere Hersteller wandten sich an Karmann, und von 1936 bis 1939 wurden knapp 800 der hübschen Eifel-Cabriolets für Ford in Köln gebaut. Während dieses Vorkriegsaufschwungs bauten Karmanns 800 Angestellte verschiedene, eher nüchterne Modelle für Hanomag, Krupp und Trumpf, etwa 65 Stück am Tag, darunter Transporter und Cabrios. Die Fabrik wurde das Opfer der zahllosen alliierten Bombenangriffe. Die Restaurierung britischer Humber-Befehlsfahrzeuge rettete Karmann nach dem Krieg vor der drohenden Schließung. Von 1949 an stellte man Cabrios für den VW Käfer her, und 1950 folgte ein Auftrag von DKW über 5 000 viersitzige Cabriolets, die bis 1955 produziert wurden. Als Wilhelm senior 1952 starb, folgte ihm sein Sohn an die Spitze der Firma. Wilhelm junior hatte Karosseriebau studiert und als Designer für die Rivalen Ambi-Budd in Berlin gearbeitet. Außerdem hatte er seinen Teil zum VW Cabrio beigetragen. Mit der Vorstellung des VW Karmann Ghia 1955 war der Name der Firma

OBEN Volkswagen ist einer von Karmanns größten Kunden. Die rasiermesserscharfe Corvair-Linie des Karmann Ghia von 1963 wurde in der Osnabrücker Fabrik hergestellt, genau wie die für den Seat Ibiza.

UNTEN Das Porsche 356 Coupé und auch das Cabrio besaßen Karosserien von Karmann.

erstmals auf einem Auto zu lesen. Zusammen mit seinem Freund Luigi Segre von Ghia brauchte man nur 14 Monate, um 10 000 Stück zu produzieren. Die Kapazitäten der Karmann-Fabrik erweiterten sich Ende der 50er Jahre auf dramatische Weise, und 1962 lieferte man Karosserien für den Porsche 356 und den Karmann Ghia 1500. Natürlich bekam Karmann auch den Zuschlag für das Gemeinschaftsprojekt von VW-Porsche, den Sportwagen 914/6 mit Mittelmotor.

1966 wurde eine zweite Fabrik in Rheine nahe der holländischen Grenze eröffnet, wo Karosserien für Wagen wie das große BMW-Coupé oder den Ford Merkur XR4i für den US-Export gebaut werden. In Osnabrück baut Karmann inzwischen das VW Scirocco Coupé und das VW Golf Cabrio. Auch wenn der Großteil der Aufträge von VW kommt, eilt die Firma augenblicklich mit so unterschiedlichen Modellen wie dem VW Corrado Coupé, dem Seat Ibiza und dem Escort Cabrio von einem Erfolg zum nächsten.

Karmann entwarf Karosserien für so unterschiedliche Modelle wie den Seat Ibiza, den amerikanischen Ford Merkur XR4i und das VW Golf Cabrio.

Zur Freude der Yuppies: die bei Karmann gebaute Cabrioversion des Ford Escort.

HERMANN GRABER

Hermann Graber wurde 1904 als Sohn eines Kutschenbauers in Bern geboren und erbte den Familienbetrieb nach dem Tod seines Vaters 1925. Während des Studiums in Frankreich wurde er zum Autoliebhaber, aber seine frühen Arbeiten erinnern noch an sein Erbe, so die Kutsche für das Grand Hotel Mattenhof. Das beliebteste Konstruktionsmaterial in den 20er Jahren war stoffbespanntes Sperrholz nach Weymann-Art, dem Graber aber Stahl vorzog. Die ersten der neuen Stahlkarosserien entstanden für einen 4-Liter-Delage D6 mit freistehenden Kotflügeln und Trittbrettern, und einen Voisin mit besonders klarer dreigeteilter Frontpartie, deren runder Kühlergrill die runden Kotflügel trennte. Das Styling seines Mercedes SSK hob die brutale Entschlossenheit des Wagens hervor, aber bald schon arbeitete Graber mit amerikanischen Chassis, die unter den reichen Schweizern beliebt waren, nicht zuletzt, weil ihr relativ niedriger Preis höhere Ausgaben für verschwenderisches Karosseriedesign erlaubte. Einer von Grabers gelungensten Entwürfen entstand auf einem 37er Duesenberg, ein Vollblut-Grand-Routier, der aber ein Einzelstück blieb. Seine Arbeiten mit US-Wagen basierten meist auf Dodge- und Packard-Limousinen, die er in luxuriös ausgestattete Cabriolets verwandelte.

Natürlich arbeitete Graber auch mit den besten Chassis jener Zeit, den Delahaye 135 MS, Alfa Romeo 60 2500, Bugatti, Hotchkiss und seinem Liebling der Nachkriegszeit, dem Talbot Lago Record. Diese Wagen hatten nichts Dramatisches an sich, nur geschmackvolle, sanft geschwungene Linien, der schmutzigen Trittbretter entledigt, aber streng konservativ im Charakter. Es gab keine Verzierungen um ihrer selbst willen, und der Kühlergrill verwies auf die Herkunft des Chassis. Als der Nachschub an französischen Chassis nachließ, wandte sich Graber Rover, Armstrong-Siddeley, Bentley, Aston Martin und schließlich Alvis zu.

Eine Vereinbarung zwischen beiden kam zustande, als Alvis seinen bisherigen Lieferanten Mulliner an Standard verlor, und die wie üblich zurückhaltende Form des Graber Alvis von 1955 wurde in Earls Court wärmstens angenommen. Trotz Grabers Krankheit 1958 folgte auf den Alvis TC 108 G der TD 21 von 1959 mit offensichtlichen Konzessionen an das zeitgenössische US-Styling. Es gab aber auch Graber Special- und Super-Versionen.

1963 kam der wohlproportionierte viertürige Alvis TE 21, von dem nur vier Stück gefertigt wurden; der Alvis TF 21 folgte 1964. Graber hatte 1965 ein Cabrio aus dem Rover P5 gemacht, und ironischerweise wurde sein Kunde Alvis im gleichen Jahr von Rover übernommen.

Rovers Anschluß an das British-Leyland-Konglomerat bedeutete das Ende für Alvis, die man als zu enge Konkurrenz für Jaguar betrachtete.

Nach dem Ende von Alvis wurde Graber nicht mehr regelmäßig mit Chassis versorgt. Als eine Art Konzession machte man ihn zu Rovers Schweizer Agenten, und er fertigte eine Reihe von Umbauten aktueller Rover-Modelle an. 1966 gab es ein attraktives P6-Coupé und dann eine Cabrio-Version des P6, 1968 gefolgt von einem 3500 Coupé. Diese Umbauten waren wenig mehr als eine Beigabe zum Rover-Verkaufsraum, und Graber gab das Design auf. Er starb 1970 im Alter von 66 Jahren, und sämtliche Utensilien des Studios wurden während der Totenwache auf Wunsch der trauernden Witwe verbrannt.

Hermann Graber ist wohl am ehesten bekannt für seine Arbeit an den Alvis, wie diesen 3-Liter-TFs der späten 50er und frühen 60er Jahre.

SIXTEN SASON

Als Nazideutschland 1939 seinen Blitzkrieg in Europa begann, war in Schweden schon ein radikales Verteidigungsprogramm vorbereitet. SAAB (Svenska Aeroplan Aktiebolaget) war eine Firma, die als Teil dieses Programms Flugzeuge bauen sollte. Nach dem Krieg 1945 gab es dann genügend Kapazitäten und die Motivation, um über ein kleines Personenauto nachzudenken. Ein einfaches Auto wie der DKW bot sich an, herstellbar mit einem Minimum an Spezialmaschinen. Mit einem leeren Blatt Papier anzufangen war schwierig, besonders da niemand bei SAAB Designer war. Sixten Sason war technischer Illustrator, dem Skizzen Spaß machten, und seine ersten Zeichnungen für den Wagen sahen im Profil eindeutig wie ein Stück Flugzeugflügel aus, mit langem, geschwungenem Bogen der Dachlinie; eigentlich logisch bei einem Flugzeughersteller. Die Räder und Scheinwerfer waren verdeckt, aber diese Merkmale wurden für den Serienwagen fallengelassen.

Bei einem Flugunfall verlor der ehemalige Pariser Kunststudent Sason (eigentlich Anderson) eine Lunge. Nach seiner Genesung wandte er sich verschiedensten Objekten zu, von Nähmaschinen für Huskvarna bis zu Kampfbombern mit Deltaflügeln. Eine seiner Zeichnungen aus den 30ern griff dem querliegenden Motor und Getriebe des Mini um 25 Jahre vor. 1955 entwarf er Teile für das Hasselblad-Kamerasystem, das später US-Astronauten benutzen sollten.

Sixtens Auftrag für das SAAB-Projekt 92 war ziemlich eindeutig. Der Wagen sollte robust sein, um den Widrigkeiten der schlechten Straßen und Schwedens rauhem Winter widerstehen zu können. Man beschloß, daß der Motor vorn liegen sollte, um den Großteil der Mechanik an einem Punkt zu haben und den Passagierraum möglichst groß zu halten. Die Vor- und Nachteile des Frontantriebs beim Fahrverhalten eines solchen Wagens waren nicht bedacht worden, aber ein wirksames, unabhängiges Federungssystem von Drehstäben und Teleskopstoßdämpfern trug zu seiner Leistungsfähigkeit bei. Die Hauptprobleme bei der Entwicklung des SAAB-Prototyps bestanden darin, Zulieferer zu finden und andere Autos zum Vergleich und zur Begutachtung aufzutreiben. Dennoch wurde der Prototyp 1946 fertiggestellt, und in Windkanaltests stellte man fest, daß er dank

Sixten Sason und Prototypen des ersten SAAB 92. Schwungvolle Linien zeigen den Einfluß des Flugzeugdesigns.

Sasons aerodynamischer Karosserie einen erstaunlich niedrigen cw-Wert von 0,32 hatte. Damals waren nur Citroën und Panhard ähnlich an Aerodynamik interessiert. Der SAAB basierte auf einer selbsttragenden Konstruktion; sein Bodenblech umfaßte die gesamte Unterseite. Er hatte einen vertikal eingebauten 764-ccm-Zweitakt-Motor, der gerade 25 PS leistete, hatte aber dennoch den Ruf, der richtige Wagen zu sein, wenn man mit hoher Schnittgeschwindigkeit über holperige, kurvige Straßen fahren wollte, besonders wenn sie mit Eis und Schnee bedeckt waren.

Weitere Probleme entstanden: zuerst beim Kauf der Karosseriepressen, die man schließlich in Chicago erstand, dann bei deren Transport und Installierung in der Fabrik in Trollhattan. 1949 ging der SAAB 92 in Produktion. Wie gut sein ursprüngliches Konzept war, zeigt sich in der erstaunlichen Dauer seiner Herstellung, die mit angemessenen Überarbeitungen und Erhöhungen der Motorleistung bis 1980 andauerte, und in den zahllosen Rallye-Erfolgen, darunter Eric Carlssons Monte-Carlo-Siegen 1962 und 1963.

Der Prototyp des SAAB 92 von 1949. Der 001 steht im SAAB-Museum in Trollhattan. **UNTEN** Sasons Zeichnung des Zweizylinder-Zweitakt-Motors von 1954. **UNTEN RECHTS** Von einem Liebhaber umgebautes SAAB-92-Cabriolet.

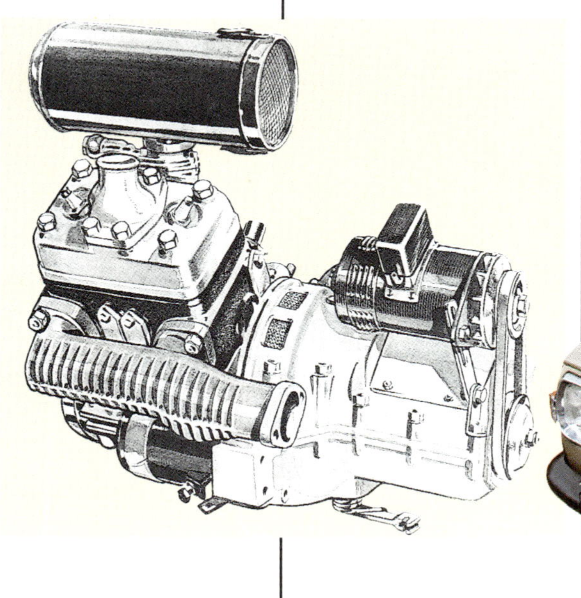

Nach der Serie 92 sammelte Sason Ideen für die nachfolgende 99er-Reihe, von denen links ein Modell in der SAAB-Styling-Abteilung zu sehen ist.

INDEX

Hinweise auf Bildunterschriften sind *kursiv* gedruckt (manchmal finden sich dort auch Texthinweise).

Mein Dank für ihre Hilfe an diesem Buch gilt folgenden Organisationen und Personen: Chuck Jordan, Floyd Joliet und Richard Stoey bei General Motors, USA; Chuck Ordowski bei Ford, USA; Kyle Johnson und Jim Falk bei Cadillac, USA; Nancy Cox bei der Chrysler Historical Collection USA, Oldsmobile, USA; Linda Giglio beim MVMA in Detroit; Buick Motors, USA; dem Henry Ford Museum, Dearborne, USA; Fiat Auto (GB) Ltd.; Fiat Centro Storico, Italien; Centro di Documentazione Alfa Romeo, Italien; Archivo Photografico Lancia, Italien; Maurizin Ilrhana bei Italdesign, Italien; Herrn Pagnbi bei Pininfarina, Italien; Ferrari Spa, Italien; Andrew Morland Collection; National Motor Museum, Quadrant Picture Library, Sutton, Surrey, England.